建築設計者のための
Rhinoceros
必修3Dツールを基本から学ぶ

Rhino7対応

アルゴリズムデザインラボ／重村珠穂＋本間菫子＋豊住亮太

日経BP

［本書著者］

アルゴリズムデザインラボ（著作代表者3人のプロフィルは344ページ）

「泥臭いコンピュテーショナルデザインを建築に」をモットーに、コンピューター技術を用い、より良い建築づくりへの貢献、そしてより良い建築をつくる人を育てることをビジョンとして活動する会社です。

RhinocerosやGrasshopperを利用した3Dモデルによるデザインシミュレーション支援、RevitによるBIMデータの作成と運用支援、環境シミュレーションを利用したサステナブルな建築づくりの支援などを行なっています。

データドリブンな設計プロセスが、より良い建築づくりに貢献し、建築・建設業を変えていく。そう信じ、設計支援や教育活動に携わっています。最新技術の利用でデザインの可能性を追求し、同時に合理的な設計を行う。仕事の在り方を見直し、思考に時間をかけることの大切さを説いてきました。

Rhinoceros®
design, model, present, analyze, realize...

はじめに

　本書は、世界中の建築設計や建築教育の現場で急速にユーザーを増やしてきた3DモデリングおよびCADソフト「Rhinoceros（ライノセラス）」──通称「Rhino（ライノ）」の基本的な使い方をマスターするための実習書です。最新バージョン「Rhino7」に対応しています。

　本書の内容は、最先端のコンピュテーショナルデザインを実践し、数々の建築プロジェクトに関わってきたアルゴリズムデザインラボ（代表：重村珠穂）が、建築設計者向けにまとめ上げてきたものです。実践的なモデリング例を交えながら、実務者はもちろん、学生など建築業界の志望者向けにも役立つよう、基本となる操作やコマンドの使い方を分かりやすく解説しています。すぐに役立つ要素を詰め込みました。設計に活かしてください。

　建設業界のDX（デジタルトランスフォーメーション）や、サステナブルな建築・都市づくりのために、BIM（ビルディング・インフォメーション・モデリング）などデジタル技術の活用が必須になっています。業務変革の一翼を担う皆さんにとって、本書が、基礎的なスキルを身につけるための助けとなれば幸いです。

本書の使い方

●どの章から始めていただいても構いません。コマンド入力型のツールであるRhinoを使いこなす際に必修となるコマンドに関し、辞書的な使い方もできるようにしています。特に建築設計の現場で役に立つコマンドを選んで解説していますので、ぜひ頭に入れてください。

●CHAPTER1から5では、基本となる操作やコマンドの使い方を学びます。CHAPTRE6から8では、作成手順を追っていける実習形式によって「建築モデリング」を学びます。CHAPTR9から10では、プレゼンテーションや図面資料を作成するために便利なコマンドを学びます。

●本書の内容は、「**サンプルファイル**」を使って作図やモデリングを学習していけるように構成しています（各項冒頭に記載の「使用ファイル」に対応）。サンプルファイルのダウンロードURLは344ページに記載しています。

●アルゴリズムデザインラボのホームページでは、上記サンプルファイルの配布の他、本書内容に対応する「**チュートリアル動画**」を順次配信しています。344ページに記載のURLにアクセスしてください。

建築設計者にとって必修の「Rhino」

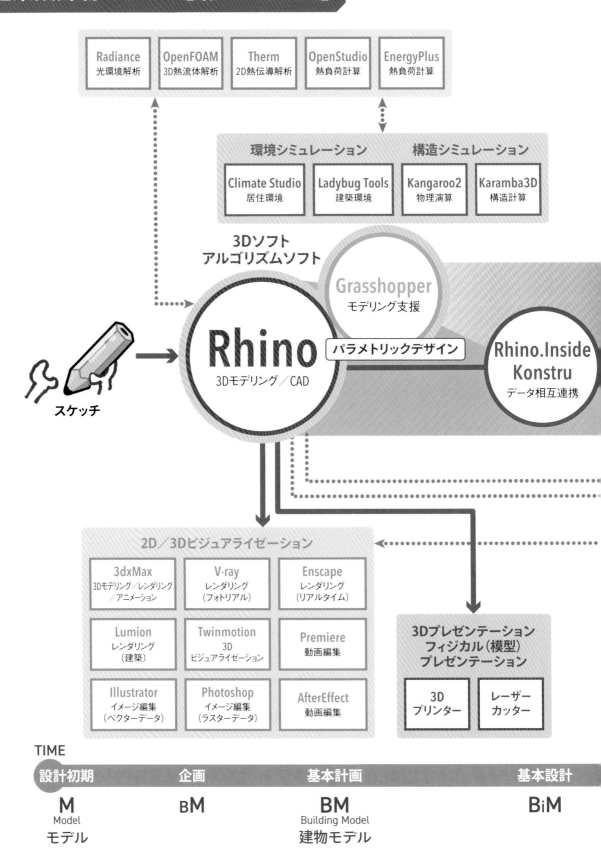

Radiance 光環境解析	OpenFOAM 3D熱流体解析	Therm 2D熱伝導解析	OpenStudio 熱負荷計算	EnergyPlus 熱負荷計算

環境シミュレーション

Climate Studio 居住環境	Ladybug Tools 建築環境

構造シミュレーション

Kangaroo2 物理演算	Karamba3D 構造計算

3Dソフト
アルゴリズムソフト

Grasshopper
モデリング支援

Rhino
3Dモデリング／CAD

パラメトリックデザイン

Rhino.Inside Konstru
データ相互連携

スケッチ

2D／3Dビジュアライゼーション

3dxMax 3Dモデリング／レンダリング／アニメーション	V-ray レンダリング（フォトリアル）	Enscape レンダリング（リアルタイム）
Lumion レンダリング（建築）	Twinmotion 3Dビジュアライゼーション	Premiere 動画編集
Illustrator イメージ編集（ベクターデータ）	Photoshop イメージ編集（ラスターデータ）	AfterEffect 動画編集

3Dプレゼンテーション フィジカル（模型）プレゼンテーション

3D プリンター	レーザー カッター

TIME

設計初期	企画	基本計画	基本設計
M Model モデル	**BM**	**BM** Building Model 建物モデル	**BiM**

Rhino（および専用ビジュアルプログラミング言語のGrasshopper）は、設計作業の核となる「建築モデル」をつくるために最適なソフトの1つです。様々なツールと連携が可能で、最新バージョンのRhino7では、実施の段階で用いるBIMソフトとの連携強化が図られました。「3次元設計」によって意匠設計者が自らデザインシミュレーションや環境シミュレーションを手掛けるようになれば、設計初期の段階から、形状の検討と環境配慮の検討を行き来しながら進める建築づくりも可能になるはずです。

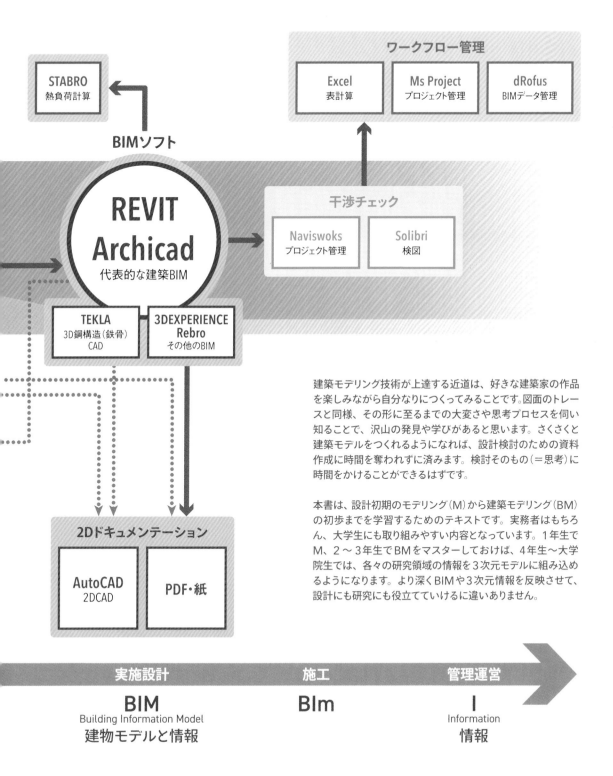

建築モデリング技術が上達する近道は、好きな建築家の作品を楽しみながら自分なりにつくってみることです。図面のトレースと同様、その形に至るまでの大変さや思考プロセスを伺い知ることで、沢山の発見や学びがあると思います。さくさくと建築モデルをつくれるようになれば、設計検討のための資料作成に時間を奪われずに済みます。検討そのもの（＝思考）に時間をかけることができるはずです。

本書は、設計初期のモデリング（M）から建築モデリング（BM）の初歩までを学習するためのテキストです。実務者はもちろん、大学生にも取り組みやすい内容となっています。1年生でM、2〜3年生でBMをマスターしておけば、4年生〜大学院生では、各々の研究領域の情報を3次元モデルに組み込めるようになります。より深くBIMや3次元情報を反映させて、設計にも研究にも役立てていけるに違いありません。

CONTENTS

［基本操作］ モデリングの 基礎をマスターする

CHAPTER 1 画面の見方と操作方法 —— 011

CHAPTER 2 線・図形の作成と編集 —— 029
—— 2次元の作図をマスター ——

[建築実習] 実践的な
モデリングをマスターする

［資料作成］図面作成をマスターする

画面の見方と操作方法

本章では、Rhinoの画面の構成や基本的な操作方法を学習していきます。

1-01 画面の構成

使用ファイル | 1_画面の見方と操作方法.3dm

1 画面要素 Rhinoを起動してください。まず下のユーザーインタフェース画面が表示されます。

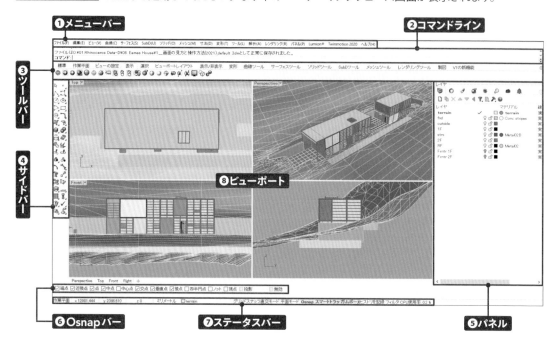

❶メニューバー

コマンド、編集、オプション、ヘルプなどにアクセスします。

❷コマンドライン

コマンドラインでは、コマンドの実行の他、履歴を確認することができます。上部の「**コマンドヒストリウィンドウ**」では最近使用したコマンドの履歴を表示します。[F2]キーでコマンドヒストリを表示します。下部の「**コマンドプロンプトウィンドウ**」には行いたいコマンドを打ち込みます。コマンドのオプションを選ぶ際にも用います。

❸ツールバー

コマンドのアイコンが配置されていて、クリックで実行できます。コマンドアイコンは作業内容ごとにタブで分けられています。

❹サイドバー

よく使うコマンドのアイコンが配置されており、カスタマイズ可能です。

❺パネル

レイヤ、プロパティ、マテリアル、光源、表示モードなどを設定できます。

❻Osnapバー

作図したオブジェクトが持つポイント（端点、中点、中心点、交点など）のオブジェクトスナップの設定を行います。ステータスバー内のOsnapをオンにすると表示されます。

❼ステータスバー

ポインターの座標、単位が表示されます。アクティブレイヤや、その他のオプションの設定ができます。

❽ビューポート

モデルを複数のビューポートで表示します。デフォルトでTop（平面図）、Front（正面図）、Right（右側面図）、Perspective（透視図）ビューが表示されています。

CHAPTER 1
CHAPTER 2
CHAPTER 3
CHAPTER 4
CHAPTER 5
CHAPTER 6
CHAPTER 7
CHAPTER 8
CHAPTER 9
CHAPTER 10

2 エリアごとの説明と補足

❶ メニューバー

Rhinoにおけるほぼすべてのコマンドが存在しており、用途によって探すことができます。

ヘルプ

メニューバー、または[F1]キー、ツールバーにある❓、パネルタブのヘルプパネルを押すことによって開くことができます。コマンドの詳細な情報、多くの例や画像、概念的な情報も記載されています。特定のコマンドに対してヘルプを実行したい際には、対象のコマンドを実行してから[F1]キーを押してください。

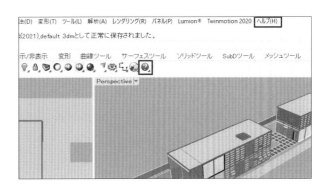

❷ コマンドライン

コマンドラインは、コマンドのタイピング入力、オプションの設定、座標値・距離・角度・半径といった数値の入力などに使います。コマンドラインにタイピング入力した後に、キーボードの[Enter]キー、[Space]キー、またはビューポート上で右クリックすることで実行されます。

コマンド名の自動補完機能

コマンドライン上でコマンドの最初のアルファベットを入力すると、コマンドリストの自動補完が行われ、その候補がドロップダウンメニューに表示されます。実行したいコマンドを選んで[Enter]キーを押すか、マウスで左クリックして実行します。

コマンドの繰り返し

コマンドを実行した後に、もう一度そのコマンドを繰り返して実行したいときには、ビューポート上で右クリックするか、[Enter]キー、[Space]キーを押します。以前に使ったコマンドを呼び出したいときには、コマンドエリアを右クリックするとリストが表示されるので、目的のコマンドをマウスで左クリックして実行します。

コマンドのキャンセル

実行したコマンドをキャンセルしたいときには、[Esc]キーを押すか、メニューやコマンドボタンによって新しいコマンドを入力することで、実行中のコマンドをキャンセルすることができます。

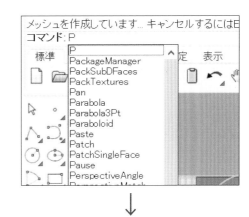

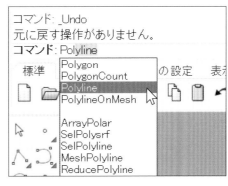

❸ツールバー

コマンドを実行するためのボタンが収納されています。ツールバーは、ビューポートの隅にドッキングすることができ、画面上に配置させておくこともできます。デフォルトの設定では、このツールバーはビューポートの上部と左端部（サイドバー）に配置されています。

カスケードツールバー

サイドバーに設置されているコマンドには、コマンドアイコンの右下に黒い三角の表示があります。マウスをかざすと、[**重ねて表示"○○"**]と表示され、三角が水色に変化します。この状態でクリックをすると、カスケードツールバーが表示されます。

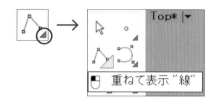

カスケードツールバーには、そのコマンドと類似したコマンドや設定が表示されます。実行する際は、コマンドアイコン上でクリックします。コマンドを実行すると、自動的にツールバーは閉じられます。

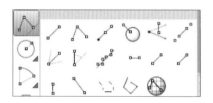

ツールヒント

マウスをツールバーのボタンの上に配置すると、コマンドの名称が小さなウィンドウに表示されます。ウィンドウ内にはマウスを模した絵とコマンド名が表示されるので、実行する方のマウスボタンをクリックします。

❺パネル

Rhinoにおける編集機能の多くは、パネルに収められています。パネルに表示する項目は、メニューバーの[**パネル**]、またはビューポートの右端にあるパネルの[**オプション**]ボタンから選べます。チェックを入れた項目がパネルに表示されます。

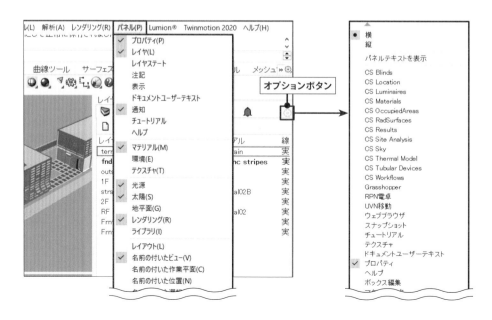

CHAPTER 1
CHAPTER 2
CHAPTER 3
CHAPTER 4
CHAPTER 5
CHAPTER 6
CHAPTER 7
CHAPTER 8
CHAPTER 9
CHAPTER 10

1-02 画面の操作

使用ファイル | 1_画面の見方と操作方法.3dm

1 基本操作

以下の各項では、サンプルファイルを収めたフォルダ内のRhinoデータを開いて学習していきます。

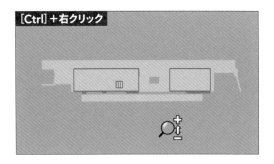

画面の拡大・縮小

マウスのホイールを前後にスクロールして画面の拡大、縮小を行います。

また、[Ctrl] ＋右クリックでドラッグすることで同じように拡大、縮小が行えます。

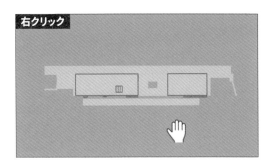

画面移動
（Perspective・アイソメトリックビュー以外）

ビューポート上にカーソルを合わせ、マウスを右クリックしながらドラッグすると、画面を上下左右に移動することができます。

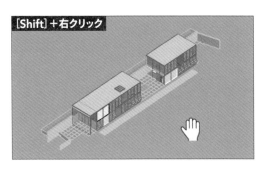

画面移動
（Perspective・アイソメトリックビュー）

[Shift] ＋右クリックでドラッグすると、画面を上下左右に移動することができます。

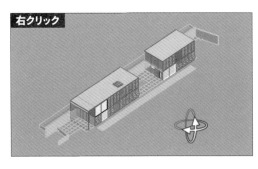

視点の回転
（Perspective・アイソメトリックビュー）

ビューポート上にカーソルを合わせ、マウスを右クリックしながらドラッグすると、画面を回転させることができます。

多方向から図形を確認できます。

2 オブジェクトの選択

オブジェクトを左クリックすることで、選択することができます。選択されたオブジェクトは黄色に変化します。
また、左ドラッグ（左ボタンを押したままドラッグ）することでオブジェクトを選択することもできます。
ドラッグする方向によって、オブジェクトの選択のされ方が異なります。

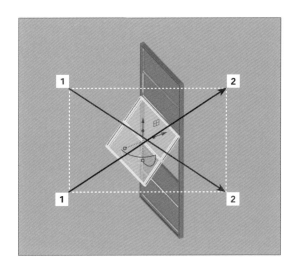

左→右にドラッグした場合、完全に囲まれたオブジェクトのみが選択されます。

※左上から右下、あるいは左下から右上にドラッグして囲みます。この場合、ドラッグした囲いの線は点線で表示されます。

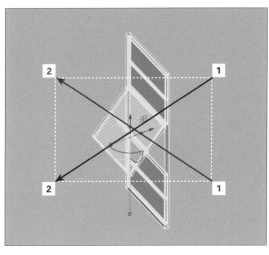

右→左にドラッグした場合、一部が囲まれただけのオブジェクトも選択されます。

※右上から左下、あるいは右下から左上にドラッグして囲みます。この場合、ドラッグした囲いの線は点線で表示されます。

3 キー操作

マウスによる画面操作と併せて、キーボードによる操作も行います。

[Esc]キー　　実行コマンドのキャンセルができます。
[Delete]キー　選択したオブジェクトを削除します。
[Ctrl]＋[Z]　[Ctrl]キーを押しながら[Z]キーを押すことで、ひとつ前の状態に戻します。
[Ctrl]＋[Y]　[Ctrl]キーを押しながら[Y]キーを押すことで、一度前に戻した状態を、そこからひとつ先の状態に戻します。

CHAPTER 1

CHAPTER 2

CHAPTER 3

CHAPTER 4

CHAPTER 5

CHAPTER 6

CHAPTER 7

CHAPTER 8

CHAPTER 9

CHAPTER 10

1-03 ビューポートの操作

使用ファイル | 1_画面の見方と操作方法.3dm

1 デフォルト（初期設定）ビュー

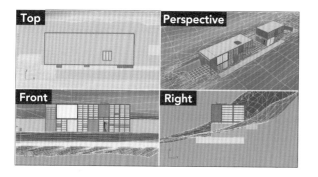

[**Top**] 上から見た図
[**Front**] 前から見た図
[**Right**] 右から見た図
[**Perspective**] 視点を回転させながら図形全体を様々な角度から表示させることができる画面。
ビュータイトルを右クリックして、「**ビューの設定**」から、[Left] や [Bottom] などのビューも表示できます。

画面の最大化と選択

ビュータイトルをダブルクリックすることで、1画面表示に拡大できます。
左下のビューポートタブを左クリックすると、画面を切り替えることができます。
もう一度ビュータイトルをダブルクリックすると元の4画面表示に戻ります。

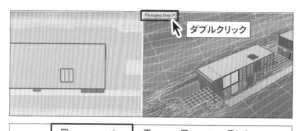

また、ビューポート左下のビューポートタイトルを右クリックして、「**新規ビューポート**」から、ウィンドウを追加することができます。

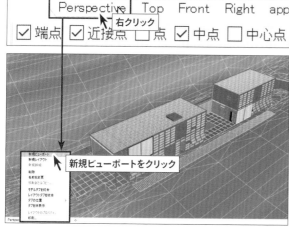

さらに、「＋」タブをクリックして、[**新規フローティングビューポート**] をクリックすると、持ち運べるフローティングウィンドウを表示できます。

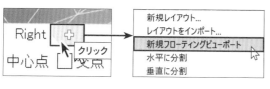

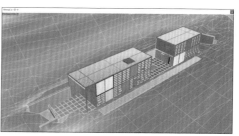

2 ビューの設定

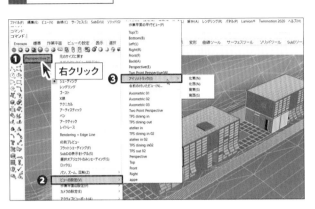

❶ビューポートのオプションを表示

ビューポートタイトルを右クリックすると、操作中のビューポートのオプションが表示されます。

❷「ビューの設定」を選択

❸ビューの種類を選択

オプションの中から、その他のビューの種類を選択して変更することができます。❸は、その一例です。

3 その他のビュー

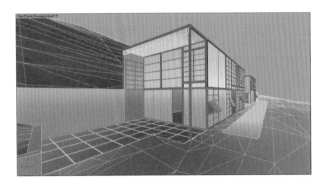

❶Two Point Perspective

パース作成に役立つ2点透視図表示もあります。

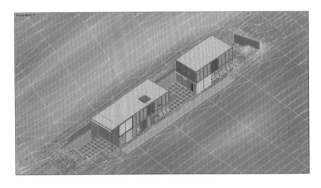

❷アイソメトリック

ダイアグラム作成などに役立つ等角投影表示もあります。

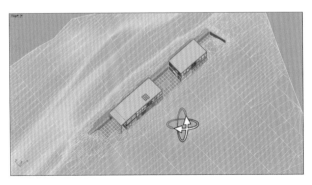

[Top]ビューや[Front]ビューの状態から、[Ctrl＋Shift]＋右クリックでドラッグすると、アイソメトリックビューに変更できます。

1-04 表示モードのカスタマイズと設定

使用ファイル｜1_画面の見方と操作方法.3dm

Rhinoでは、表示モードの設定を変更して、オブジェクトの見え方を変更することができます。
ビューポートごとに表示モードの設定ができるため、作業の内容やモデルの大きさに応じた効率的なモデリングができます。また、レンダリングなどの多様なビューを用いることや、自分でカスタマイズした表示モードでモデルを確認することもできます。

1 基本操作

1 ビューポートのオプションを表示

ビューポートタイトルを右クリックすると、操作中のビューポートのオプションが表示されます。

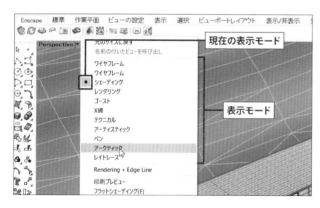

2 表示モードを選択

オプションの中から、表示モード名を選択して変更することができます。
ここでは[アークティック]を選択します。

※表示モードの特徴は次ページを参照。

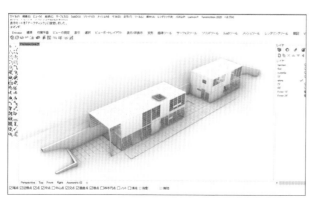

表示モードが変更されて、モデルの見え方が変わったことが分かります。

2 各表示モードの特徴

❶ワイヤフレーム

オブジェクトのアイソカーブと輪郭線が表示されます。描画スピードが速く、サイズが大きいファイルを編集する際にも重くならず有効です。表示色はレイヤの設定が反映されます。

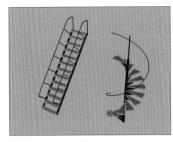

❷シェーディング

不透明な面と陰影でオブジェクトが表示されます。表示色はレイヤの設定が反映されます。

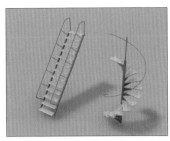

❸レンダリング

オブジェクトやレイヤに設定したマテリアルに応じて、簡易なレンダリング結果が表示されます。

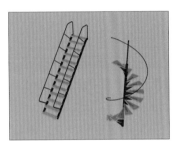

❹ゴースト

オブジェクトが半透明に表示されます。隠れた部分の形状を確認しやすくなりますが、半透明化の計算に時間がかかります。表示色はレイヤの設定が反映されます。

❺X線

半透明に表示されると同時に、隠れたオブジェクトのアイソカーブが表示されます。表示色はレイヤの設定が反映されます。

❻テクニカル

オブジェクトのエッジ線が表示されます。隠れ線は点線で表示されます。表示色はレイヤの設定が反映されます。

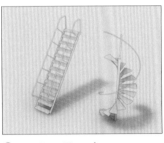

❼アーティスティック

紙のテクスチャに鉛筆で描画したようにオブジェクトが表示されます。

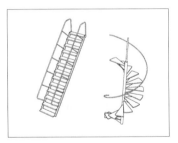

❽ペン

紙のテクスチャにペンで描画したようにオブジェクトが表示されます。

❾アークティック

間接光によってオブジェクトをレンダリングするモードです。オブジェクト・背景ともに白色で表示され、柔らかな陰影を表現することができます。

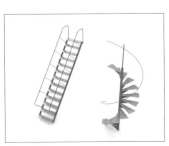

❿レイトレース

光の反射・屈折を計算してオブジェクトをレンダリングするモードです。マテリアルの質感や、オブジェクトの映り込みなどをフォトリアルに表現することができます。

3 | 表示モードのカスタマイズ

自分で表示モードをカスタマイズすることもできます。

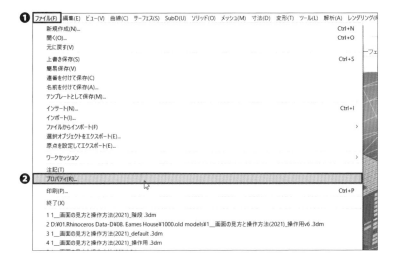

1

メニューバーの[**ファイル**]の[**プロパティ**]をクリックして、[**ドキュメントのプロパティ**]を開きます。

2

[**ビュー**]>[**表示モード**]を選択して、ウィンドウ内の[**レンダリング**]を選択します。

[**コピー**]をクリックすると、作成された表示モードのウィンドウが開きます。

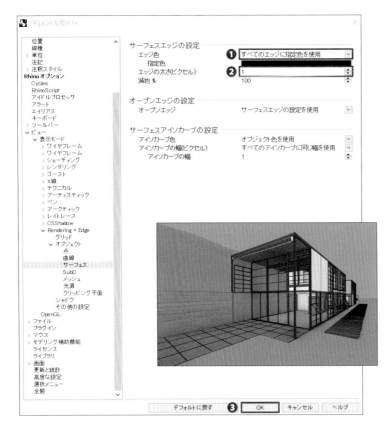

3
表示モードの各種設定を行います。今回はレンダリングにオブジェクトのエッジを追加表示する設定を作成します。

[**オブジェクト**]＞[**サーフェス**]のエッジ色を[**すべてのエッジに指定色を使用**]に設定して、エッジの太さを「**1**」に設定します。

4
[**OK**]をクリックすると、元の画面に戻ります。
新しく作成した表示モードが追加されているのでビューを新しく作成したものに切り替えると、エッジラインが強調されたレンダリングビューになっています。

新しい表示モードを作成するこれらの一連の設定は、[**Rhinoオプション**]からも同様にして作成できます。左図は設定例です。

設定の変更は、[**Rhinoオプション**]ではすべてのRhinoデータ、[**ドキュメントのプロパティ**]では現在設定しているファイルのみに反映されます。

CHAPTER 1

CHAPTER 2

CHAPTER 3

CHAPTER 4

CHAPTER 5

CHAPTER 6

CHAPTER 7

CHAPTER 8

CHAPTER 9

CHAPTER 10

1-05 コマンドの実行

Rhino上でコマンドを実行するには、以下の3通りの方法があります。

❶ メニューバーから選択して実行する

❷ コマンドラインにコマンド名を入力して実行する

❸ アイコンを選択して実行する

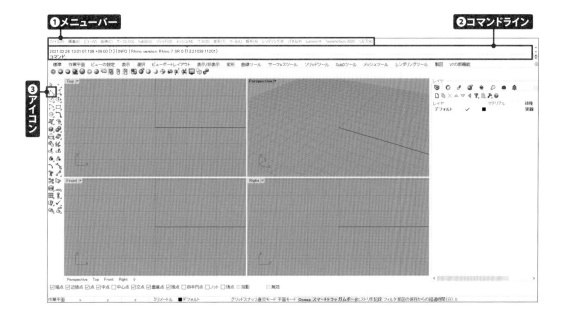

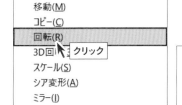

❶ メニューバーから選択して実行する

上部にあるメニューバーから行いたい作業を選択します。

❷ コマンドラインにコマンド名を入力して実行する

コマンドラインに任意のコマンド名を入力して、[Enter]キーを押します。

❸ アイコンを選択して実行する

行いたい操作のアイコンをメニューバーから選択して、作業を行います。

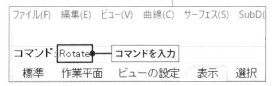

1-06 レイヤの基本

使用ファイル | 1-6_レイヤの基本.3dm

❶レイヤパネルの表示

レイヤの操作は[**レイヤ**]パネルで行います。

レイヤパネルが表示されていない場合は、[**オプション**]ボタンをクリックして、レイヤの欄にチェックを入れてください。

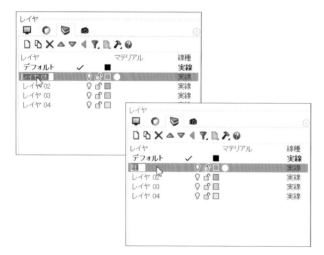

❷レイヤ名の変更

レイヤ名は、自由に変更することができます。

まず、変更したいレイヤ名を選択します。次に、そのレイヤ名を左クリックすることで、レイヤ名の変更ができます。あるいは、レイヤを選択した状態で、右クリックして、[**レイヤ名の変更**]からでも可能です。

名前を入力していきます。「**レイヤ01**」を「**柱**」と名前を変更します。

同様に、レイヤ02からレイヤ04も、それぞれ「**桁**」、「**踏面**」、「**手摺**」と変更します。

もし、新しくレイヤを追加したい場合は、レイヤタブの空白の部分で右クリックして、表示された[**新規レイヤを作成**]を選択します。あるいは、上部メニューの左端のアイコンをクリックすることでも新しくレイヤを作成できます。

❸アクティブなレイヤについて

レイヤは、チェックマークの入っているレイヤがアクティブになっており、作成したオブジェクトはそのレイヤ内に収められます。

また、各レイヤは、そのレイヤの表示／非表示、ロック／ロック解除（→❻❼）などを左クリックで行うことができます。

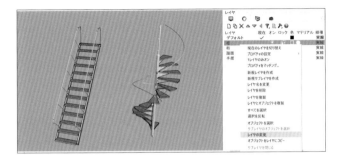

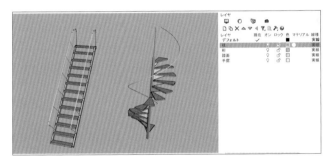

❹レイヤの変更

レイヤの変更を行います。

既にあるオブジェクトを他のレイヤに移動させたい場合、まずそのオブジェクト（ここでは「柱」オブジェクト）を左ドラッグで選択します。

次にマウスカーソルを移動先のレイヤ名称（ここでは「柱」）の上に持っていきます。右クリックして表示された中から[レイヤの変更]を選択します。

レイヤが移動されると、オブジェクトの色がレイヤの設定色に変わります。

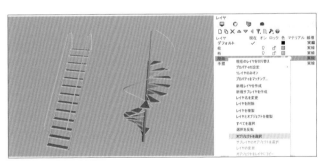

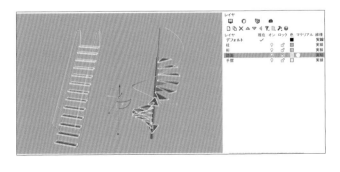

❺オブジェクトを選択

特定のレイヤのオブジェクトをすべて選択したい場合、マウスカーソルをそのレイヤ名称の上に持っていき、右クリックして[オブジェクトを選択]を選択します。

選択されたオブジェクトは、黄色く強調して表示されます。

CHAPTER 1
CHAPTER 2
CHAPTER 3
CHAPTER 4
CHAPTER 5
CHAPTER 6
CHAPTER 7
CHAPTER 8
CHAPTER 9
CHAPTER 10

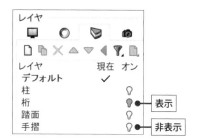

❻レイヤの表示・非表示

電球マークをクリックすることで、任意のレイヤの表示・非表示を切り替えることができます。

電球マークが、黄色のレイヤは表示、青色のレイヤは非表示となります。

❼レイヤのロック

鍵のマークをクリックすることで、任意のレイヤをロックすることができます。

レイヤをロックすると、そのレイヤに含まれるオブジェクトを選択することができなくなります。

ロックを解除したい場合は、もう一度クリックします。

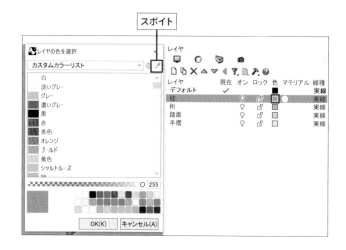

❽レイヤの表示色の設定

表示色の四角い枠をクリックすると、任意のレイヤの表示色を変更することができます。

カラーホイールやスライダ、カラーリストなどを使って、任意の色を指定することができます。スポイトにより、画面上の色を選択することもできます。

また、カスタムカラーリストの用意された色から選ぶこともできます。

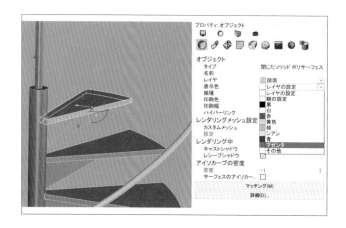

❾オブジェクトの表示色の設定

オブジェクトを選択した状態でプロパティパネルを開くと、オブジェクトごとに表示色を変更することができます。

[その他]を選択すると、レイヤの表示色と同様に任意の色を指定することができます。

この操作で選択した色は、シェーディング表示やゴースト表示の際に適応されます。

CHAPTER 1
CHAPTER 2
CHAPTER 3
CHAPTER 4
CHAPTER 5
CHAPTER 6
CHAPTER 7
CHAPTER 8
CHAPTER 9
CHAPTER 10

1-07 ステータスバーの使い方

ステータスバーにあるOsnap、直交モード、平面モード、投影、ガムボールなどの使い方を説明します。

ステータスバー上の各機能は、名前上で左クリックすることで、オン／オフの切り替えができます。

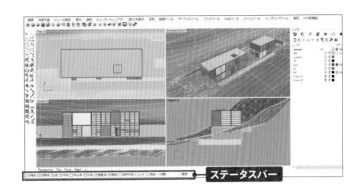

ステータスバー

グリッドスナップ

マウスカーソルの動きをグリッド線の交差上のスナップポイントに限定することができます。

[F9]キーを押すか、コマンドラインに「S」をタイプ入力して[Enter]を押しても、グリッドスナップのオン／オフを切り替えることができます。

[F7]キーを押すと、アクティブなビューポートにおいて、作業平面のグリッド線の表示／非表示を切り替えることができます。

Osnap

オブジェクトスナップを用いると、カーソルを線の端点や円の中心など、オブジェクト上の正確な位置にスナップさせることができます。[Osnap]を有効にすると、Osnapツールバー（下図）が現れ、チェックを入れた点がスナップされるようになります。下の表で各機能を説明します。

Perspective　Top　Front　Right　＋

☐端点 ☐近接点 ☐点 ☐中点 ☑中心点 ☐交点 ☐垂直点 ☐接点 ☐四半円点 ☐ノット ☐頂点 ☐投影　　☐無効

┗━ チェックを入れる

コマンド	ボタン	機能説明
端点		直線や曲線、サーフェスのエッジ、ポリラインのセグメントの端点にスナップします。
近接点		既存の曲線やサーフェスのエッジ上にある一番近い点にスナップします。
点		制御点や点オブジェクトにスナップします。
中点		直線や曲線、サーフェスのエッジの中点にスナップします。
中心点		円や円弧の中心点にスナップする他、任意の点において曲率を持つ曲線の中心点に対してもスナップします。
交点		直線や曲線など、2本の線の交点にスナップします。
垂直点		ひとつ前に選択した点と垂直になる直線曲線上の点にスナップします。
接点		ひとつ前に選択した点に接する曲線上の点にスナップします。
四半円点		四半円点にスナップします。 四半円点とは、XまたはY作業平面座標にある曲線上の最大値、または最小値を持つ点です。
ノット		曲線やサーフェスエッジのノット点にスナップします。
頂点		メッシュ頂点にスナップします。メッシュ頂点とはメッシュ面のエッジが合う位置です。
投影		オブジェクトスナップを現在の作業平面に投影します。
無効		設定を維持したまま、一時的にオブジェクトスナップを無効にします。

※ツールバーのボタンから各機能を選ぶこともできます。

直交モード

指定された角度でカーソルの動きを制限することができます。[F8]キーでもオン／オフの切り替えができます。または[Shift]キーを押し続けることでも一時的に直交モードをオンにすることができます。デフォルトの角度は90度ですが、[直交モード]バーを右クリック→[設定]から変更することができます。

平面モード　➡ 詳しくはCHAPTER3-09【平面モード】へ。

最後に指示した点と同じ高さの平面上にスナップを固定して、オブジェクトを作成することができます。自由に点をピックできるコマンドを使用して同一平面にオブジェクトを作成するときに役立ちます。ただし、何もない3D空間に点を打つときにのみ有効で、オブジェクトにスナップされると平面モードは無視されるので注意が必要です。コマンドに[P]を入力して[Enter]キーを押すと、平面モードのオン／オフを切り替えることができます。

投影　➡ 詳しくはCHAPTER3-10【投影】へ。

平面モードではオブジェクトを作成している場合でも、オブジェクトスナップを優先してカーソルがスナップしてしまうため、同一平面上には描画できません。[投影]を左クリックすると、オブジェクトスナップより同一平面への描画が優先されて、スナップ点から作業平面へ並行投影された点へスナップされます。

ガムボール　➡ 詳しくはCHAPTER3-05【ガムボール】へ。

「ガムボール」とは、モデリングを補助するインタフェースです。これを用いることでXYZ軸方向にオブジェクトを変形させることができます。選択されたオブジェクトにガムボールウィジェットを表示して、ガムボールの中心を原点に、移動・スケール・回転といった変形を簡単に実行できます。

[Tab]キーによる拘束

何らかの描画コマンド実行中に[Tab]キーを押すと、その時の描画方向に角度を固定することができます。再度[Tab]キーを押すと、直前に描画した点からの距離を半径とする円周上に描画を固定できます。さらに、再度[Tab]キーを押すと固定が解除されます。

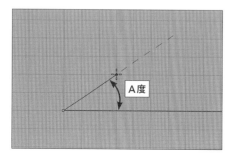

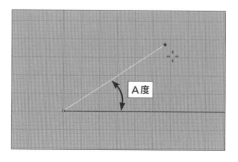

線・図形の作成と編集
― 2次元の作図をマスター ―

本章では、線や図形を描く基本的な方法を学習していきます。Rhino
で3次元モデルを作成する場合、モデルのガイドラインが必要となるこ
とが頻繁にあります。そのため、ガイドラインとなる直線・曲線・円・
多角形といった2次元の線の作成・編集のマスターが重要となります。

2-01 オブジェクトの種類

Rhinoのオブジェクトは、NURBS（Non-Uniform Rational B-Splineの略、非一様有理Bスプライン）と呼ばれる数学的なモデルです。単純な2次元の線、円、直方体、円球から、最も複雑な3D自由有機サーフェスやソリッドに至るまで正確に定義することができます。Rhinoで扱うオブジェクトの種類には次の6つがあります。

カーブ（線）

Rhinoでは、直線、ポリライン（直線を接合し合わせた線）、円・楕円などの2次曲線、ポリカーブ（曲線を接合し合わせた線）、自由曲線を「カーブ（線）」と総称しています。制御点を利用して線を作成したり、指定した点を通るように線を作成することもできます。

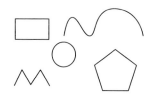

サーフェス（面）

伸縮自在な厚みのない面状のオブジェクトです。ビューポートの表示モードで見え方を変更できます。例えばシェーディング表示では、陰影をつけた形状で図形が表されます。

ワイヤーフレーム表示　　シェーディング表示

ポリサーフェス

複数のサーフェスが結合した、サーフェスの集合体のことです。サーフェスの結合状態で開いたものと閉じたものの区別があります。閉じたポリサーフェスはソリッドとも言います。

ソリッド

サーフェスまたはポリサーフェスが完全に閉じた立体で、体積を持つオブジェクトです。円球のように閉じたサーフェスや、直方体などの複数のサーフェスによる閉じたポリサーフェスが含まれます。一面でも閉じていないと中身の詰まっていないポリサーフェスになります。

円球　　直方体　　ソリッド　　ポリサーフェス
（閉じたポリサーフェス）

メッシュ

頂点群と、その点を結ぶ3辺または4辺の閉じた複数の平面形状（メッシュ）で構成されています。メッシュは、メッシュ密度が高いほどより正確な図形として表されます。正確さはサーフェスに劣ります。

SubD

メッシュをベースとして、有機的な形状を作成します。頂点、エッジ、フェイスのいずれの要素も移動・回転・スケール・削除するなどして編集できます。NURBSサーフェスやメッシュとの互換性が高く、より直感的なモデリングもしやすくなります。

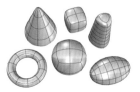

CHAPTER 1
CHAPTER 2
CHAPTER 3
CHAPTER 4
CHAPTER 5
CHAPTER 6
CHAPTER 7
CHAPTER 8
CHAPTER 9
CHAPTER 10

2-02 直線を作成

使用ファイル | 2-2_線の作図方法.3dm

コマンド〉 Line

直線を描くコマンド

[Top]ビューのビュータイトルをダブルクリックして、最大表示にします。

以下の3種類のいずれかの方法でコマンドを実行します。

コマンド	アイコン	メニュー
Line	✏️	[曲線]→[直線]→[線]

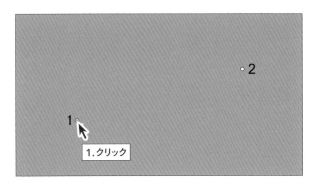

1

以下の各項では、サンプルファイルを収めたフォルダ内のRhinoデータを開いて学習していきます。

直線の始点となる点1をクリックします。

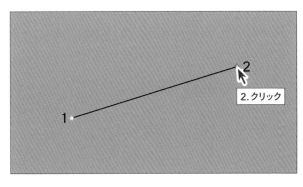

2

次に、直線の終点となる点2をクリックします。
直線が作成されます。

連続した直線を作成

使用ファイル｜2-2_線の作図方法.3dm

コマンド 〉 **Polyline**

Rhinoでは、円弧や自由曲線以外に、折れ線状のポリライン（直線を結合し合わせた線）も「曲線」と呼んでいます。ここではポリラインの作成から学習します。

折れ線状の曲線を描くコマンド
[Top]ビューのビュータイトルをダブルクリックして、最大表示にします。

以下の3種類のいずれかの方法でコマンドを実行します。

コマンド	アイコン	メニュー
Polyline	△	[曲線]→[ポリライン]→[ポリライン]

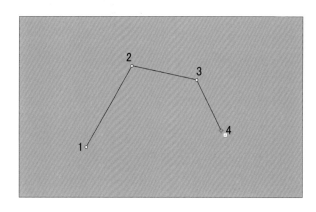

1
1～4の順に点をクリックしていきます。
点と点を結ぶ直線がつながりながら描かれていきます。

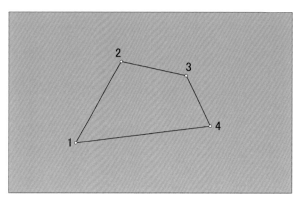

2
折れ線を閉じたい場合はコマンドプロンプトで、[**閉じる（C）**]をクリックしてください。
閉じた折れ線になります。

(S)=いいえ 常に閉じる(P)=いいえ 閉じる(C)

クリック

コマンドラインに[c]を打ち込み[Enter]キーを押して閉じることもできます。

座標について

CHAPTER 1
CHAPTER 2
CHAPTER 3
CHAPTER 4
CHAPTER 5
CHAPTER 6
CHAPTER 7
CHAPTER 8
CHAPTER 9
CHAPTER 10

絶対座標

絶対座標とは、原点（0,0,0）からX軸・Y軸・Z軸方向への距離で示されている座標です。例えば、作業平面の原点からX軸に5単位、Y軸に4単位離れた場合は「5,4」と入力し[Enter]キーを押します。

下の例では、「Line」コマンドを実行して、「0」の入力によって始点を指定した後、「5,4」と入力しています。

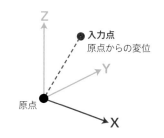

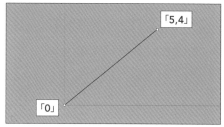

相対座標

相対座標とは、原点（0,0,0）からではなく、最後に作成された点を基準にして、そこからどれくらい離れているかを示す座標です。Rhinoでは、点を選択するたびに最後の点としてその位置情報を保存しているため、その点を基準にすることができます。相対座標の入力は、X・Y・Z座標値の前にR（小文字rも可）をつけます（Rの変わりに@でもかまいません）。

例えば、作業平面の原点からX軸に5単位、Y軸に4単位離れた場合は「R5,4」と入力し[Enter]キーを押します。

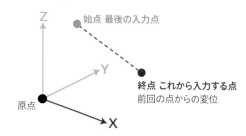

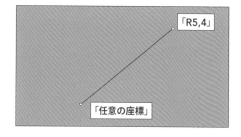

極座標

極座標とは、現在使用している作業平面の原点（0,0,0）からの距離と方向で点を指定したものです。Rhinoではベクトル方向は標準的な時計で3時方向を0度として、右下図で示されるように反時計回りの方向で変わります。

例えば、作業平面の原点から5単位離して、作業平面のX軸から反時計回りに45度の位置を指定する場合、「5＜45」と入力し[Enter]キーを押します。先頭にRまたは@をつけて、「R距離＜角度」と入力すると相対極座標として入力できます。

・距離拘束による入力は、距離を入力して[Enter]キーを押します。その場合、角度はまだ入力していないので、距離は拘束されたままどの方向へもカーソルを動かせます。
・角度拘束による入力は、「＜（角度）」の数値を入力して[Enter]キーを押します。X軸から入力した角度の倍数ごとに拘束されます。

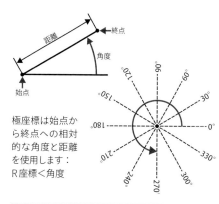

極座標は始点から終点への相対的な角度と距離を使用します：
R座標＜角度

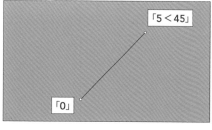

2-04 曲線(制御点指定)を作成

使用ファイル｜2-2_線の作図方法.3dm

コマンド 〉 **Curve**

制御点指定曲線を描くコマンド

ステータスバーの[Osnap]をオンにして、「点」にチェックを入れます。

[Top]ビューのビュータイトルをダブルクリックして、最大表示にします。

以下の3種類のいずれかの方法でコマンドを実行します。

コマンド	アイコン	メニュー
Curve		[曲線]→[自由曲線]→[制御点指定]

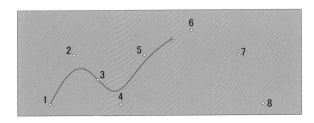

1

1〜8の順に点をクリックしていきます。
クリックした点を制御点とする曲線が作図されます。

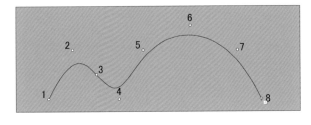

2

最後の点をクリックした後、[Enter]キーを押してください。そこで作図が終了します。

曲線を閉じたい場合はコマンドプロンプトで、[**閉じる(C)**]をクリックしてください。スムーズにつながる閉じた曲線になります。

(S)=いいえ 常に閉じる(P)=いいえ 閉じる(C)

クリック

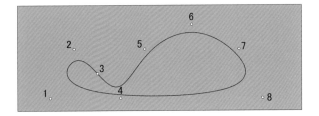

コマンドラインに[c]を打ち込み、[Enter]キーを押して閉じることもできます。

2-05 長方形を作成

使用ファイル | 2-2_線の作図方法 .3dm

コマンド > Rectangle

長方形を描くコマンド

[Top]ビューのビュータイトルをダブルクリックして、最大表示にします。

以下の3種類のいずれかの方法でコマンドを実行します。

コマンド	アイコン	メニュー
Rectangle	□	[曲線]→[長方形]→[2コーナー指定]

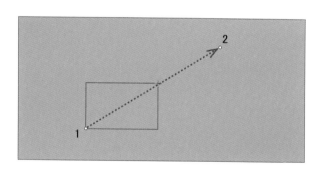

1
長方形の始点となる点1にカーソルを合わせてクリックします。

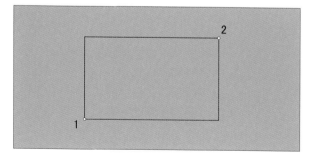

2
次に、長方形の始点に対して、対角の点となる点2にカーソルを合わせてクリックします。すると、長方形が出来上がります。

または、コマンドに1つ目と2つ目のコーナーの座標値を入力しても、長方形を作成できます。

もう一方のコーナーまたは長さ (3点(P) ラウンドコーナー(R)) 50

辺の長さを指定したい場合は、長方形の始点をクリックした後に、「**50**」と入力して[Enter]キーを押すと、底辺が50の長さで拘束されます。

幅。長さと同じ場合はEnterを押します (ラウンドコーナー(R)) 30

次に、「**30**」と入力して[Enter]キーを押すと高さが30の長方形が作成されます。

CHAPTER 1
CHAPTER 2
CHAPTER 3
CHAPTER 4
CHAPTER 5
CHAPTER 6
CHAPTER 7
CHAPTER 8
CHAPTER 9
CHAPTER 10

2-06 円形を作成

使用ファイル｜ 2-2_線の作図方法 .3dm

コマンド Circle

円形を描くコマンド

[Top]ビューのビュータイトルをダブルクリックして、最大表示にします。

以下の3種類のいずれかの方法でコマンドを実行します。

コマンド	アイコン	メニュー
Circle	⊙	[曲線]→[円]→[中心、半径指定]

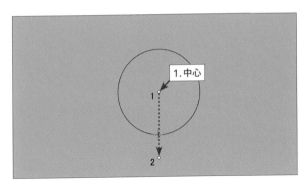

1
円の中心となるポイントにカーソルを合わせてクリックします。

2
次に、円の外周となるポイントにカーソルを合わせてクリックします。
または半径の数値「30」を入力して[Enter]キーを押します。円の描画が完成します。

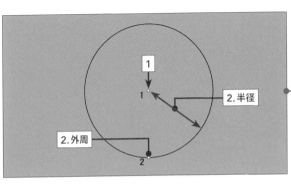

─ HINT ─

円を描画する他の方法

[Circle]コマンドを入力した後に、2点を直径として選ぶ方法(2点[P])、3点を選んでそれらを通る円(3点[O])をコマンドを打ち込んで描く方法があります。

また、[Circle]コマンドを入力して中心点を選んだ後に、直径[D]や円周(円周[C])や円の面積(面積[A])を指定しながら円を描く方法もあります。

多角形を作成

2-07

使用ファイル｜ 2-2_線の作図方法 .3dm

コマンド〉 **Polygon**

多角形を描くコマンド

[Top]ビューのビュータイトルをダブルクリックして、最大表示にします。

以下の3種類のいずれかの方法でコマンドを実行します。

コマンド	アイコン	メニュー
Polygon	⬡	[曲線]→[多角形]→[中心、半径指定]

1

コマンドラインの[辺の数(N)]をクリックします。次に、コマンドラインに「辺の数」を入力して、[Enter]キーを押します。

2

次に、その多角形の中心となるポイントにカーソルを合わせてクリックします。

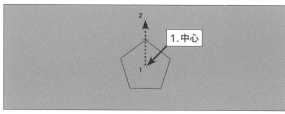

3

次に、多角形の外周となるポイントにカーソルを合わせてクリックします。
または、半径の数値「30」と入力して、[Enter]キーを押します。半径30で拘束されるので、多角形の軸方向を決めてクリックします。

※[モード(M)]を[外接]に切り替えると、多角形の辺の中点を基準にして作図できます。

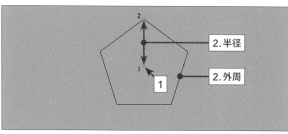

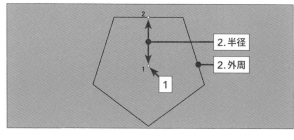

2-08 オブジェクトに作業平面を設定

使用ファイル｜2-2_線の作図方法.3dm

コマンド CPlane

作業平面の向きを設定するコマンド

Rhinoでは、モデリングをする際の基準となる作業平面の向きを自由に設定することができます。

作業平面を設定することで、傾斜のあるオブジェクト上での作図やモデリングをスムーズに行うことができます。

ここでは[Perspective]ビューにして作業を行います。

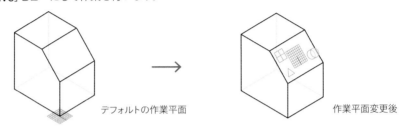

デフォルトの作業平面　　　　　　　　　　　　　作業平面変更後

以下の3種類のいずれかの方法でコマンドを実行します。

コマンド	アイコン	メニュー
CPlane		[ビュー]→[作業平面の設定]→[オブジェクトに設定]

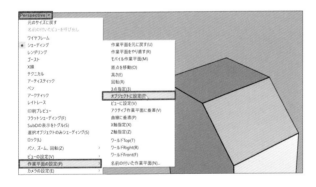

1

ビュータイトルを右クリックして、[**作業平面の設定**]→[**オブジェクトに設定**]を選択します。

作業平面の向きを合わせるオブジェクトを選択:

クリック

2

「**作業平面の向きを合わせるオブジェクトを選択**」とコマンドラインに表示されるので、左図のように傾斜のついた面を選択します。

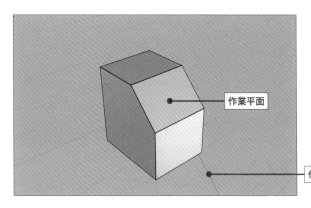

3

傾斜のついた面に作業平面が設定されます。

※作業平面が表示されない場合、[F7]キー
を押すと、作業平面が表示されます。

作業平面

作業平面に対する座標軸が表示されます

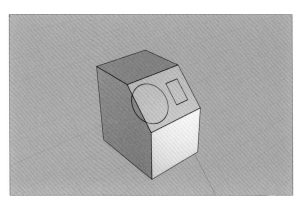

4

この状態で作図をしてみると、設定した作業
平面に平行に作図されることが分かります。

※作業平面のX方向、Y方向を正確に指定
したい場合は、[**作業平面の設定(P)**]＞
[**3点指定(3)**]を用いてください。

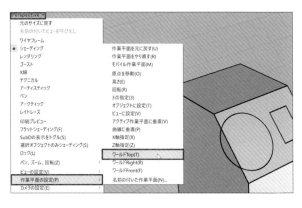

5

作業平面をデフォルトの状態に戻す場合は、
ビュータイトルを右クリックして、[**作業平面
の設定**]→[**ワールドTop**]を選択します。

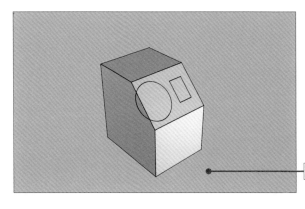

作業平面がデフォルトの状態に戻りました。
デフォルトの作業平面は原点の位置に表示
されます。

※よく使用する作業平面は、[**パネル**]＞[**名
前の付いた作業平面**]で保存しておくこと
も可能です。

作業平面に対する座標軸は非表示になります

CHAPTER 1
CHAPTER 2
CHAPTER 3
CHAPTER 4
CHAPTER 5
CHAPTER 6
CHAPTER 7
CHAPTER 8
CHAPTER 9
CHAPTER 10

2-09 共有領域から境界曲線を作成

使用ファイル｜2-2_線の作図方法.3dm

コマンド **CurveBoolean**

重なり合った曲線でつくられる領域の境界曲線を作成するコマンド

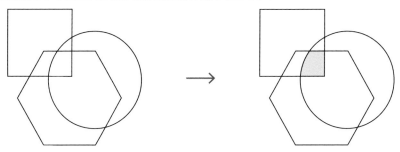

以下の3種類のいずれかの方法でコマンドを実行します。

コマンド	アイコン	メニュー
CurveBoolean		[曲線]→[曲線編集ツール]→[曲線のプール演算]

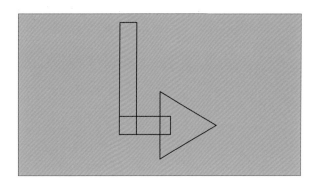

[CurveBoolean] コマンドを実行して、複数の曲線で囲まれた領域の境界線を作成することができます。

この機能を使えば、図形を組み合わせて新たな図形を作成することができます。

ここでは再び [Top] ビューに戻して作業を行います。

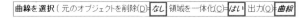

曲線を選択 (元のオブジェクトを削除(D)=なし 領域を一体化(C)=はい 出力(O)=曲線

1

[CurveBoolean] コマンドを実行すると、「曲線を選択」とコマンドラインに表示されます。

コマンドオプションを
[元のオブジェクトを削除（D）＝なし]
[領域を一体化（C）＝はい]
[出力（O）＝曲線]として、
用意された曲線をすべて選択します。

全選択

曲線を選択。操作を完了するにはEnterを押します

2
「曲線を選択。操作を完了するにはEnter
を押します」とコマンドラインに表示される
ので、[Enter]キーを押します。

2
「曲線を選択。操作を完了するにはEnter
を押します」とコマンドラインに表示される
ので、[Enter]キーを押します。

対象領域の内側をクリック。操作を完了するにはEnterを押します

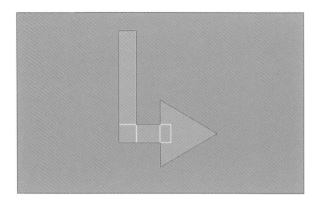

3
「対象領域の内側をクリック。操作を完了す
るにはEnterを押します」とコマンドライン
に表示されるので、図形を作成する領域を
クリックして選択します。

4
[Enter]キーを押すと、選択した領域の外
形曲線が作成されます。

新たに作成された曲線

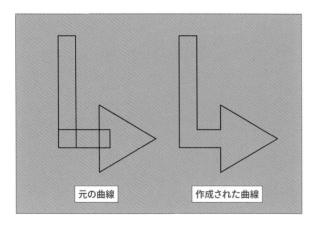

元の複数の曲線と作成された外形曲線を並
べてみました。1つの図形になったのが分
かります。

元の曲線　　　　　作成された曲線

CHAPTER 1
CHAPTER 2
CHAPTER 3
CHAPTER 4
CHAPTER 5
CHAPTER 6
CHAPTER 7
CHAPTER 8
CHAPTER 9
CHAPTER 10

2-10 構成要素に分解

使用ファイル｜2-2_線の作図方法.3dm

コマンド〉**Explode**

オブジェクトを構成要素に分解するコマンド

[Explode]コマンドを実行して、選択したオブジェクトを構成している要素ごとに分解します。
曲線だけでなく、サーフェスを分解することも可能です。

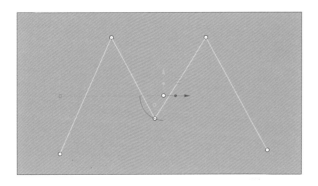

以下の3種類のいずれかの方法でコマンドを実行します。

コマンド	アイコン	メニュー
Explode	↙	[編集]→[分解]

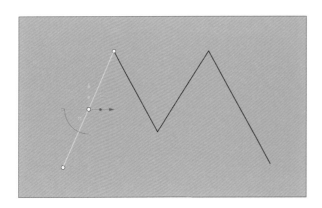

1

分解するオブジェクトを選択して、[Enter]
キーを押します。折れ線状の曲線が4つの
曲線（見本の場合は直線）に分解されました。

2-11 構成要素を結合

使用ファイル｜2-2_線の作図方法.3dm

コマンド 〉 Join

オブジェクトの構成要素を結合するコマンド

[Join]コマンドを実行して、いくつかのオブジェクトを1つのオブジェクトに結合することができます。曲線だけでなく、サーフェスを結合することも可能です。

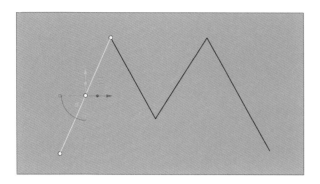

以下の3種類のいずれかの方法でコマンドを実行します。

コマンド	アイコン	メニュー
Join	🧩	[編集]→[結合]

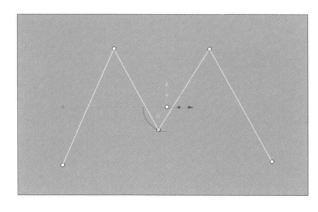

1
結合したいオブジェクトをすべて選択して、[Enter]キーを押します。4つの曲線（見本の場合は直線）が結合されて、1つの曲線になりました。

CHAPTER 1
CHAPTER 2
CHAPTER 3
CHAPTER 4
CHAPTER 5
CHAPTER 6
CHAPTER 7
CHAPTER 8
CHAPTER 9
CHAPTER 10

2-12 曲線をオフセットする

コマンド 〉 **Offset, OffsetMultiple**

元の曲線から指定距離に曲線を複製するコマンド

［Offset］コマンドを実行して、選択した曲線を、元の場所から指定した距離に複製することができます。

以下の3種類のいずれかの方法でコマンドを実行します。

コマンド	アイコン	メニュー
Offset		［曲線］→［オフセット］→［曲線をオフセット］

オフセットする曲線を選択（ 距離(D)=5 ルーズ(L)=いいえ コーナー(C)=シャープ

距離（D）：
オフセットする距離を設定します。

コーナー（C）：
オフセットした曲線の角の形状を設定します。

1

オフセットの設定をします。

［**Offset**］コマンドを実行すると、コマンドラインに上図のようなオプションが表示されます。各オプションを設定します。

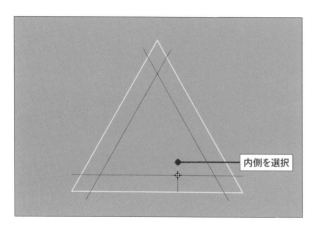

内側を選択

2
曲線を選択すると、「**オフセットする側**」とコマンドラインに表示されるのでオフセットしたい方向をビューポート上で選択します。

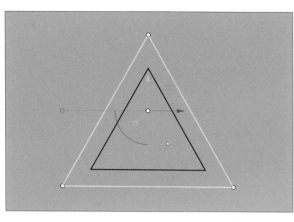

オフセットされた曲線が作成されます。

それぞれの要素が法線方向にずれるので見本の場合は、三角形が縮小した格好になります。

※開いた曲線の場合は選択した方向にずれて、新たに曲線が作成されます。

オフセットする**曲線を選択**（ 距離(D)=5 コーナー(C)=**シャープ** オフセット数(O)=2 ）

─ HINT ─
複数の曲線を一度に作成

[OffsetMultiple]は、選択した曲線を基に、一定間隔で複数の曲線を複製するためのコマンドです。

曲線を選択して、上図のようなオプションでオフセットしたい距離や数を指定することで複数の曲線が作成されます。

CHAPTER 1
CHAPTER 2
CHAPTER 3
CHAPTER 4
CHAPTER 5
CHAPTER 6
CHAPTER 7
CHAPTER 8
CHAPTER 9
CHAPTER 10

2-13 曲線を閉じる

使用ファイル｜2-2_線の作図方法.3dm

コマンド > **CloseCrv**

曲線を閉じるコマンド

［CloseCrv］コマンドを実行して、開いた曲線の端部と端部を結ぶ直線を補完した、閉じた曲線を作成します。

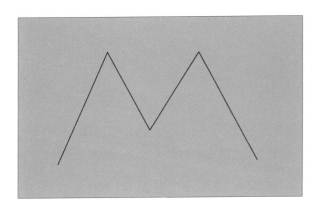

以下の3種類のいずれかの方法でコマンドを実行します。

コマンド	アイコン	メニュー
CloseCrv		［**曲線**］→［**曲線編集ツール**］→［**曲線を閉じる**］

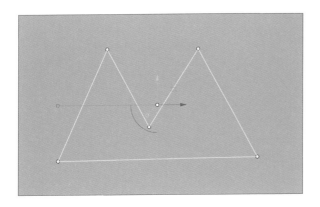

1

開いた曲線を選択して、［Enter］キーを押すと曲線が閉じられます。

CHAPTER 1

CHAPTER 2

CHAPTER 3

CHAPTER 4

CHAPTER 5

CHAPTER 6

CHAPTER 7

CHAPTER 8

CHAPTER 9

CHAPTER 10

2-14 選択フィルタを使う

使用ファイル｜ 2-2_ 線の作図方法 .3dm

コマンド 〉 **SelectionFilter**

選択できるオブジェクトの種類を制限するコマンド

CHAPTER1-02「画面の操作」で紹介したオブジェクトの選択方法に加えて、Rhinoには特定のオブジェクトをスムーズに選択するための機能やコマンドが存在します。以下で紹介していきます。

選択フィルタ

選択フィルタを用いると、選択できるオブジェクトの種類を制限することができます。

1

ステータスバーの[**フィルタ**]をクリックすると、選択フィルタを設定するウィンドウが開きます。

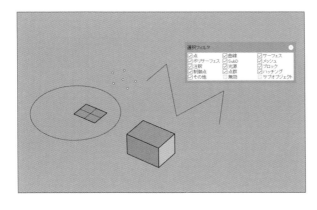

2

チェックを付けた種類のオブジェクトのみが選択されるようになります。

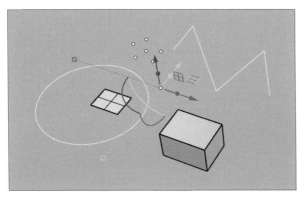

3

ステータスバーの[**フィルタ**]を再度クリックするか、上記のウィンドウの無効を選択するとフィルタ機能は解除されます。

選択系のコマンド

以下が選択に用いる際に便利な主なコマンドです。特定のオブジェクトの選択などに用います。

コマンド	ボタン	機能
SelPolysrf		すべてのポリサーフェスを選択
SelSrf		すべてのサーフェスを選択
SelPolyline		すべてのポリラインを選択
SelPt		すべての点を選択
SelCrv		すべての曲線を選択
SelPrev		直前の選択セットを再度選択
SelLast		最後に変更したオブジェクトを選択
SelAll		すべてのオブジェクトを選択
SelName		オブジェクトを名前で選択
Invert		選択されているオブジェクトを解除して、それ以外のオブジェクトを選択
Lasso		オブジェクトを投げ縄選択

その他のコマンドも含めて、ツールバーの選択タブの中に、選択系のコマンドがまとめられています。

2-15 制御点を表示

使用ファイル | 2-2_線の作図方法 .3dm

コマンド > **PointsOn, PointsOff**

制御点を表示するコマンド

[PointsOn]コマンドを実行して、選択したオブジェクトの制御点を表示します。
制御点を表示して編集することで、オブジェクトの形状を変えることができます。

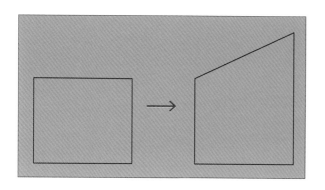

※[F10]キーでも制御点を表示することができます。

以下の3種類のいずれかの方法でコマンドを実行します。

コマンド	アイコン	メニュー
PointsOn		[編集] → [制御点] → [制御点表示オン]

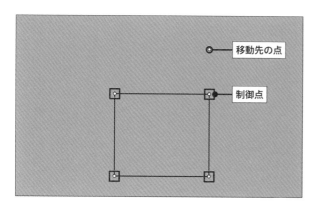

移動先の点

制御点

1

制御点を表示したい曲線を選択して、[Enter]キーを押すと、曲線の制御点が表示されます。

※Rhino7から、曲線を個別に選択した場合、選択中のみ制御点が表示されます。

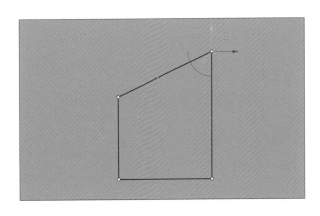

2
[Move] コマンドやガムボールを用いて、表示された制御点を任意に移動することで、曲線の形状を編集することができます。選択したままグリップして移動させることもできます。

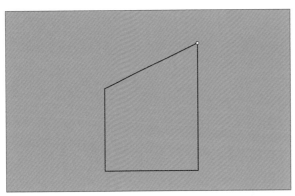

3
[Esc] キーを押すか、[PointsOff] コマンドを実行することで制御点を非表示にします。

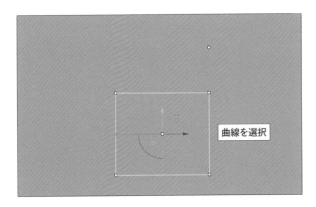

曲線を選択

曲線の制御点は、選択するだけでも表示されますが、左図のように、選択を解除すると制御点も非表示になります。

[PointsOn] [PointsOff] コマンドの場合は、制御点の表示／非表示の切り替えができるのが特徴です。

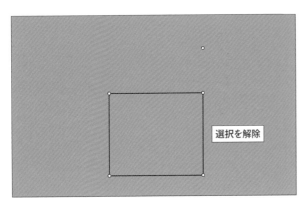

選択を解除

オブジェクトの操作方法
―3次元の扱いをマスター―

本章では、作成したオブジェクトの操作方法について学習していきます。オブジェクトの移動・複製・回転・スケール変更の方法は、2つあります。コマンドで実行する方法と、ガムボールを利用して実行する方法です。この2つを学ぶことで、モデリングの作業効率が上がります。さらに最後に、本章で学んだコマンドを用いて、リートフェルトの椅子を作成します。

3-01 移動

コマンド Move

オブジェクトの移動を行うコマンド

以下の3種類のいずれかの方法でコマンドを実行します。

コマンド	アイコン	メニュー
Move		[変形] → [移動]

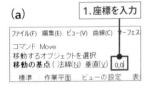

1

以下の各項では、サンプルファイルを収めたフォルダ内のRhinoデータを開いて学習していきます。

移動するオブジェクトを選択します。

「**移動するオブジェクトを選択**」とコマンドラインに表示されるので、オブジェクトをクリックして選択して、[Enter]キーを押します。

(a)

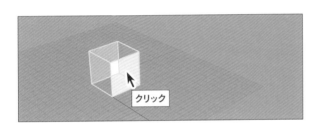

(b)

 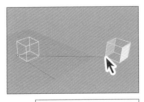

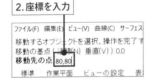

2

移動の基点、移動先の点を指定します。
次の3通りの方法があります。

(a) 「**移動の基点**」、「**移動先の点**」とコマンドラインに表示されるので、それぞれの座標を入力して移動させます。

(b) カーソルを移動してクリックすることによって、移動の基点、移動先の点を指定します。

(c) 最初に移動の基点を指定して、コマンドラインに移動距離を入力することによって移動させます。移動先の点への距離が固定されるので、カーソルを移動したい方向に持っていき、クリックで確定します。

(c)

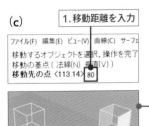

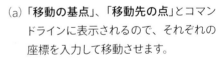

--- HINT ---

移動方向の固定

[Tab]キーを押すと、移動する方向を固定できます。

3-02 コピー

CHAPTER 1
CHAPTER 2
CHAPTER 3
CHAPTER 4
CHAPTER 5
CHAPTER 6
CHAPTER 7
CHAPTER 8
CHAPTER 9
CHAPTER 10

使用ファイル │ 3_オブジェクトの操作方法.3dm

コマンド 〉 **Copy**

オブジェクトのコピーを行うコマンド

以下の3種類のいずれかの方法でコマンドを実行します。

コマンド	アイコン	メニュー
Copy		[変形]→[コピー]

1

コピーするオブジェクトを選択します。

「移動するオブジェクトを選択」とコマンドラインに表示されるので、オブジェクトをクリックして、[**Enter**]キーを押します。

(a)

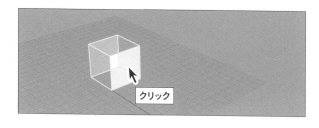

1. 座標を入力

2. 座標を入力

2

コピーの基点、コピー先の点を設定します。次の3通りの方法があります。

(a)「**コピーの基点**」、「**コピー先の点**」とコマンドラインに表示されるので、それぞれの座標を入力してコピーします。

(b)カーソルを移動してクリックすることによってコピーの基点、コピー先の点を指定します。

(c)最初に移動の基点を指定して、コマンドラインにコピー先への移動距離を入力することによってコピーします。コピー先の点への距離が固定されるので、カーソルを移動したい方向に持っていき、クリックで確定します。

(b)

1. クリック（コピーの基点）

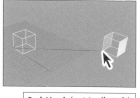

2. クリック（コピー先の点）

(c)

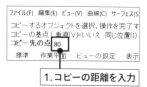

1. コピーの距離を入力

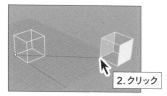

2. クリック

3-03 回転

使用ファイル | 3_オブジェクトの操作方法.3dm

コマンド **Rotate**

オブジェクトの回転を行うコマンド

以下の3種類のいずれかの方法でコマンドを実行します。

コマンド	アイコン	メニュー
Rotate		[変形]→[回転]

1

回転するオブジェクトを選択します。

「**回転するオブジェクトを選択**」とコマンドラインに表示されるので、オブジェクトをクリックで選択して、[Enter]キーを押します。

(a)

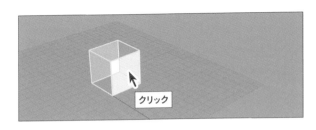

1.座標を入力

2.角度を入力

(b)

2

回転の中心、回転の角度を設定します。
次の2通りの方法があります。

(a)「**回転の中心**」とコマンドラインに表示されるので、回転の中心座標を入力します。次に、「**角度または1つ目の参照点**」とコマンドラインに表示されるので、回転の角度を入力して、[Enter]キーを押すと回転が完了します。
反時計回りが正の回転方向となります。

(b)回転の中心と1つ目の参照点をそれぞれ選択して、回転の基準となる軸を指定します。次に、2つ目の参照点をクリックすると回転が完了します。

1.クリック（回転の中心）

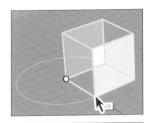

2.クリック（1つ目の参照点）

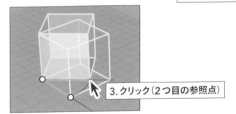

3.クリック（2つ目の参照点）

3-04 スケール変更

使用ファイル｜3_オブジェクトの操作方法.3dm

コマンド Scale

オブジェクトのスケールを変更するコマンド

以下の3種類のいずれかの方法でコマンドを実行します。

コマンド	アイコン	メニュー
Scale		[変形]→[スケール]

1

スケールを変更するオブジェクトを選択します。

「**スケールを変更するオブジェクトを選択**」とコマンドライン に表示されるので、オブジェクトをクリックで選択して、 [Enter]キーを押します。

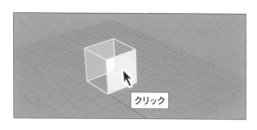

1.座標を入力

2

スケール変更の基点を設定します。
次の2通りの方法があります。

（a）「**基点**」とコマンドラインに表示されるの で、スケール変更の基点の座標を入力 して、[Enter]キーを押します。
（b）基点をクリックして指定します。

3

スケール変更の程度を設定します。次の3通りの方法があります。

（a）「**スケールまたは1つ目の参照点**」とコマンドラインに表示 されるので、1つ目の参照点を選択か座標入力でスケー ル変更の基準となる軸を指定します。次に、2つ目の参 照点を選択か座標入力で、スケール変更の程度を指定し ます。
（b）（a）の方法と同様にスケール変更の基準となる軸を指定 します。次に、2つ目の参照点までの距離を入力して、ス ケール変更の程度を指定します。
（c）「**スケールまたは1つ目の参照点**」とコマンドラインに表示 されるので、スケールを入力して、[Enter]キーを押します。

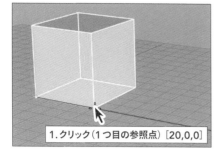

1.クリック（1つ目の参照点）[20,0,0]

2.クリック（2つ目の参照点）[40,0,0]

3-05 ガムボールを使う

使用ファイル｜3_オブジェクトの操作方法.3dm

コマンド 〉 **Gumball**

オブジェクトの移動、回転、縮尺変更、押し出しを簡単に行うコマンド

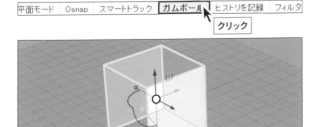

ステータスバーの[**ガムボール**]をクリックして、ガムボールを有効にしておきます。

ガムボールが有効な状態でオブジェクトを選択すると、左図のように「ガムボール」と呼ばれる3軸の矢印が表示されます。

移動

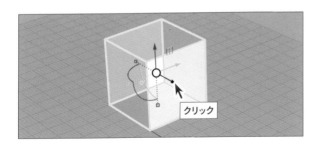

1
オブジェクトを移動させたい方向の矢印をクリックします。

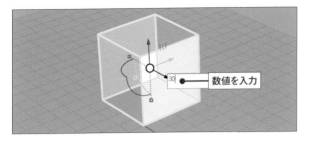

2
選択すると、数値を入力するテキストボックスが表示されるので、移動距離を直接入力します。

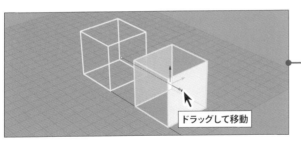

矢印をドラッグしても移動させることもできます。

── HINT ──
ガムボールを使った複製

[Alt]キーを押しながらガムボールで移動させると、オブジェクトを複製することができます。

回転

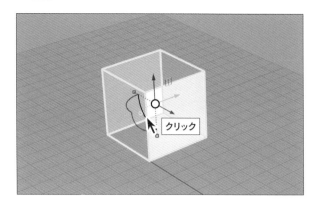

1

オブジェクトを回転させたい方向の曲線をク
リックします。

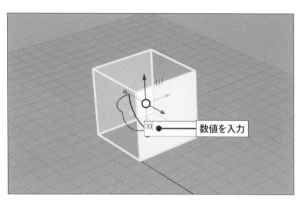

2

選択すると、数値を入力するテキストボック
スが表示されるので、回転角度を直接入力
します。

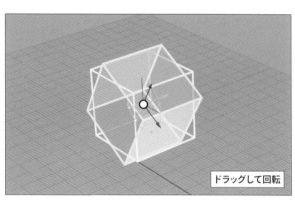

選択した曲線をドラッグして回転させることも
できます。

CHAPTER 1
CHAPTER 2
CHAPTER 3
CHAPTER 4
CHAPTER 5
CHAPTER 6
CHAPTER 7
CHAPTER 8
CHAPTER 9
CHAPTER 10

縮尺変更

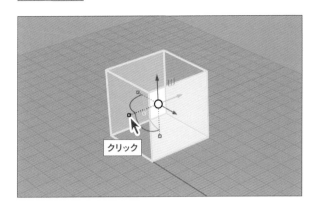

1

オブジェクトを回転させたい方向のスケール
ハンドル（四角形のついたハンドル）をクリッ
クします。

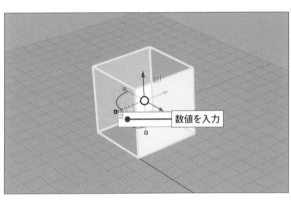

2

選択すると、数値を入力するテキストボック
スが表示されるので、縮尺値を直接入力し
ます。

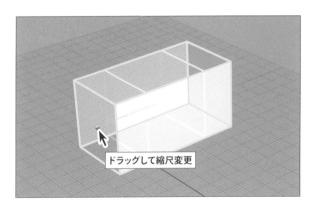

選択したスケールハンドルをドラッグして縮
尺を変更することもできます。

押し出し

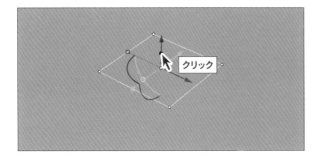

1

オブジェクトを押し出したい方向の矢印の中心にある丸いドットをクリックして選択します。

※押し出すことができるときのみ、矢印の中心にドットが表示されます。

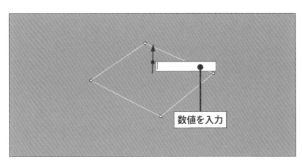

2

選択すると、数値を入力するテキストボックスが表示されるので、押し出し距離を直接入力します。

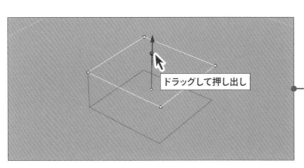

選択した丸いドットをドラッグして押し出すこともできます。

--- HINT ---

点から線を作成

同様に、点を押し出して、線にすることもできます。

ガムボールの設定の編集

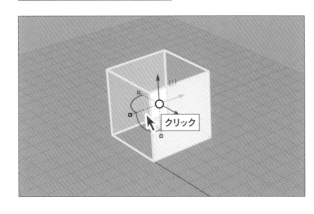

白い丸をクリックすると、ガムボールの設定を編集できます。

ガムボールを移動
ガムボールをリセット
ガムボールを自動リセット
● ガムボールをオン
ガムボールをオフ

● 作業平面に合わせる
オブジェクトに合わせる
ワールドに合わせる
ビューに合わせる

オブジェクトスナップを使用
● オブジェクトスナップを不使用

ガムボールを中心にビューを回転
ドラッグ強度
設定 …

CHAPTER 1
CHAPTER 2
CHAPTER 3
CHAPTER 4
CHAPTER 5
CHAPTER 6
CHAPTER 7
CHAPTER 8
CHAPTER 9
CHAPTER 10

3-06 鏡像を作成

使用ファイル｜ 3_オブジェクトの操作方法.3dm

コマンド ＞ **Mirror**

オブジェクトの鏡像を複製するコマンド

以下の3種類のいずれかの方法でコマンドを実行します。

コマンド	アイコン	メニュー
Mirror		**[変形]→[ミラー]**

1

ミラーするオブジェクトを選択します。
「ミラーするオブジェクトを選択」とコマンド
ラインに表示されるので、ミラーするオブ
ジェクトをクリックで選択して、[Enter]キー
で完了します。

クリック（軸の始点）

2

対称軸（ミラー平面）の始点を選択します。

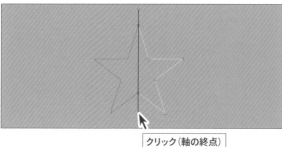

クリック（軸の終点）

3

対称軸（ミラー平面）の終点を選択します。

4

「コピー＝はい」にしておくと、鏡像が複製
されます。

3-07 整列

使用ファイル | 3_オブジェクトの操作方法.3dm

コマンド 〉 **Align**

オブジェクトを配列させるコマンド

以下の3種類のいずれかの方法でコマンドを実行します。

コマンド	アイコン	メニュー
Align		[変形]→[整列]

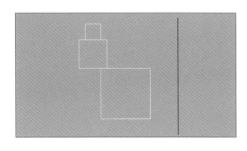

1
整列するオブジェクトを選択します。
「**整列するオブジェクトを選択**」とコマンドライン
に表示されるので、整列するオブジェクトを選択
して、[Enter]キーで完了します。

整列タイプ (整列先(A)= *作業平面* 下(B) 同心(C) 水平中心(H) 左(L) 右(R))

2
左図のようなコマンドラインが表示されるので、
実行したい整列タイプを選択します。
ここでは、[**右**]を選択して整列させます。

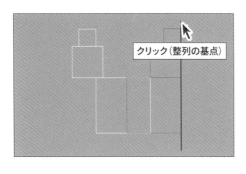

クリック(整列の基点)

3
整列したプレビュー画面が表示されるので、整
列の基点を選択して位置合わせを行います。

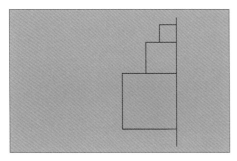

4
整列が完了します。

CHAPTER 1
CHAPTER 2
CHAPTER 3
CHAPTER 4
CHAPTER 5
CHAPTER 6
CHAPTER 7
CHAPTER 8
CHAPTER 9
CHAPTER 10

061

オブジェクトのXYZ座標を設定

3-08

コマンド **SetPt**

XYZ座標をそれぞれ設定してオブジェクトの位置を揃えるコマンド

以下の3種類のいずれかの方法でコマンドを実行します。

コマンド	アイコン	メニュー
SetPt		[変形]→[XYZを設定]

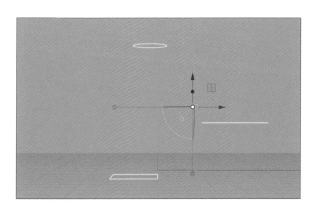

1

XYZ座標を設定したいオブジェクトを選択します。

「変形するオブジェクトを選択」とコマンドラインに表示されるので、高さが異なるオブジェクトを選択します。

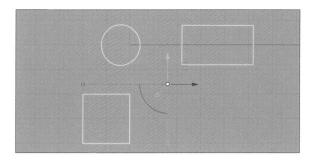

[**Top**]ビューなどの別のビューで選択してもかまいません。

2

設定する方向を選択します。

今回は、高さを揃えたいので「**Zを設定**」にチェックを入れて[**OK**]をクリックします。

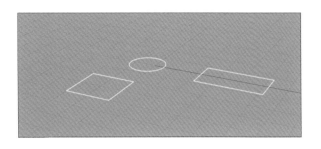

3

設定する高さを指定します。

「**点の位置**」とコマンドラインに表示されるので、設定したい高さの位置をRhino画面上でクリック、または高さ距離を入力します。

今回は、「**0**」と入力して[**Enter**]キーで設定を完了します。

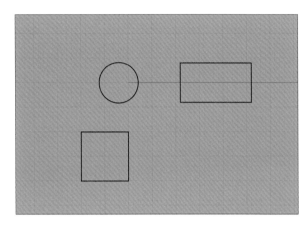

4

オブジェクトの位置が同一平面上(同じ高さ)に設定されました。

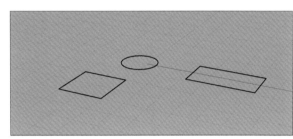

CHAPTER 1
CHAPTER 2
CHAPTER 3
CHAPTER 4
CHAPTER 5
CHAPTER 6
CHAPTER 7
CHAPTER 8
CHAPTER 9
CHAPTER 10

3-09 平面モードを使う

使用ファイル｜ 3_オブジェクトの操作方法.3dm

コマンド 〉 Planar

任意の平面に簡単にオブジェクトを作成するコマンド

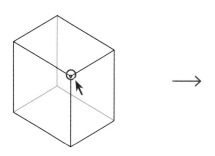 →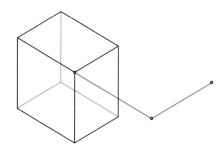

平面モードをONにして端点を選択　　　　　　端点の高さの平面にオブジェクトが作成される

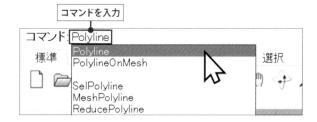

1

[Planar]コマンドを実行するか、ステータスバーの[**平面モード**]をクリックして、平面モードを有効にしておきます。

有効になると、左図のように色が変わり、[**平面モード**]の文字が太くなります。

2

平面モードでオブジェクトを作成します。

コマンドラインに[**Polyline**]と入力して、[**Enter**]キーを押します。

3

配置の基準となる立方体の任意の端点を選択して、ポリラインの始点を決定します。

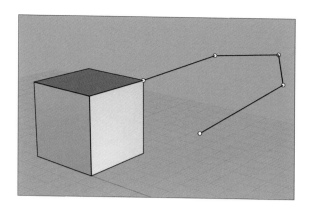

4

任意の点をクリックしてポリラインを描きます。

5

[Front]ビュータブをクリックして画面を切り替えます。

先程描いたポリラインが、立方体の上面と同じ高さの平面に収まっていることが分かります。

※[Osnap]が有効にされている場合はスナップが優先されます。

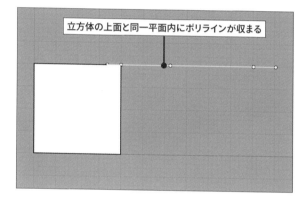

立方体の上面と同一平面内にポリラインが収まる

CHAPTER 1
CHAPTER 2
CHAPTER 3
CHAPTER 4
CHAPTER 5
CHAPTER 6
CHAPTER 7
CHAPTER 8
CHAPTER 9
CHAPTER 10

3-10 投影

使用ファイル │ 3_オブジェクトの操作方法.3dm

コマンド ProjectOsnap

作図、コピー、移動などを任意の平面上に拘束するコマンド

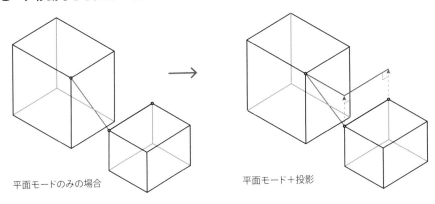

平面モードのみの場合 　　　　　　　　平面モード＋投影

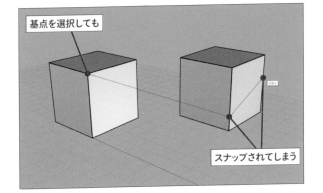

基点を選択しても

スナップされてしまう

1
[**平面モード**]が有効な状態でも、近くにある他のオブジェクトと重なってしまうと、そちらのオブジェクトの端点や近接点を優先的にスナップしてしまい、基点と同一の平面に曲線を描けない場合があります。

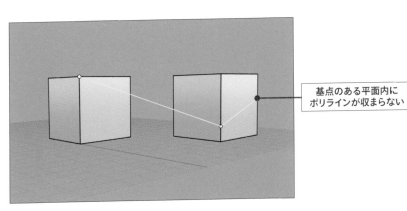

基点のある平面内に
ポリラインが収まらない

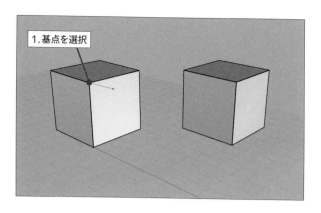

1. 基点を選択

2. クリック

2

そこで、64ページのように[Polyline]コマンドを実行して、基点を選択した後に、ステータスバーの[Osnap]の[投影]をクリックして有効にします。

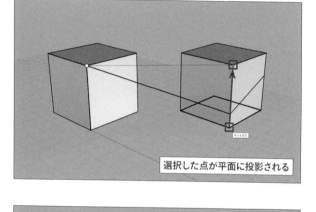

選択した点が平面に投影される

3

[投影]が有効になると、選択した点が設定した平面に投影されて、基点のある平面内に曲線を描くことができます。

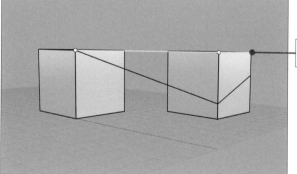

基点のある平面内に
ポリラインが収まる

Osnapは無効です。新しい設定を次から選択（有効(E) 無効(D)）

4

[ProjectOsnap]コマンドを用いて[投影]を有効にすることもできます。

ただし、先程のように他のコマンドを実行中に[投影]を有効に切り替えたい場合はステータスバーで操作する方が便利です。

3-11 グループ化

コマンド〉**Group**

選択した複数のオブジェクトから1つの構成単位（グループ）を作成するコマンド

以下の3種類のいずれかの方法でコマンドを実行します。

コマンド	アイコン	メニュー
Group		**[編集]→[グループ]→[グループ化]**

コマンド〉**Ungroup**

選択したグループのグループ化を解除するコマンド

以下の3種類のいずれかの方法でコマンドを実行します。

コマンド	アイコン	メニュー
Ungroup		**[編集]→[グループ]→[グループ解除]**

以下の方法でコマンドを実行します。

グループ化するオブジェクトを選択|

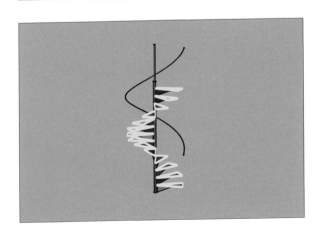

1
[Group]コマンドを実行します。
コマンドラインに「**グループ化するオブジェクトを選択**」と表示されるので、オブジェクトを複数選択して、[Enter]キーで完了します。

選択したオブジェクトがグループ化されました。

※[Ctrl+G]でグループ化を実行することもできます。

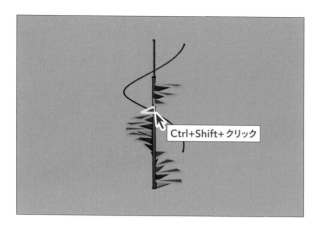

Ctrl+Shift+ クリック

2

グループ化されているオブジェクトは一度に
まとめて選択されますが、[Ctrl+Shift]キー
を押しながら選択すると、グループ内のオブ
ジェクトを個別選択することもできます。

グループ解除するオブジェクトを選択

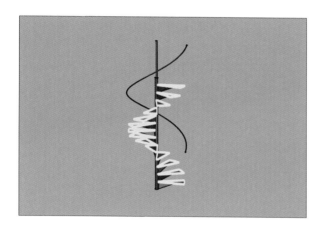

3

[UnGroup]コマンドを実行します。
コマンドラインに「**グループ解除するオブジェ
クトを選択**」と表示されるので、グループ化
されたオブジェクトを選択して、[Enter]キー
で完了します。

※グループ化されたオブジェクトを選択して
　[Ctrl + Shift + G]でもグループ解除を行
　うことができます。

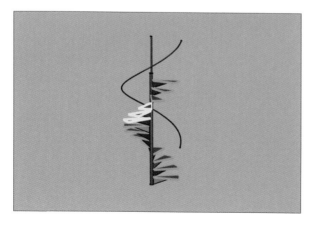

選択したオブジェクトのグループ化が解除さ
れました。

※**2**の要領で個別選択によって解除するこ
　ともできます。

CHAPTER 1
CHAPTER 2
CHAPTER 3
CHAPTER 4
CHAPTER 5
CHAPTER 6
CHAPTER 7
CHAPTER 8
CHAPTER 9
CHAPTER 10

3-12 選択状態を保存

使用ファイル｜3-12_選択状態を保存.3dm

コマンド ▷ **NamedSelections**

オブジェクトやサブオブジェクトの選択状態を素早く保存して呼び出すコマンド

以下の3種類のいずれかの方法でコマンドを実行します。

コマンド	アイコン	メニュー
NamedSelections		[パネル]→[名前の付いた選択セット]

以下の方法でコマンドを実行します。

1
[NamedSelections]コマンドを実行します。

名前の付いた選択セットパネルが表示されます。

2
保存したいオブジェクトを選択状態にしたまま、保存ボタンをクリックします。

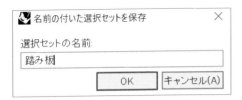

選択セットに名前をつけて、[OK]を押します。

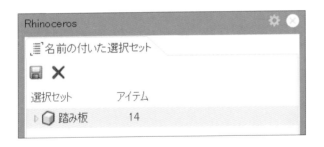

選択セットが保存されます。

選択セット名をクリックするといつでも選択セットを呼び出すことができます。

 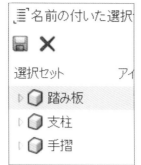

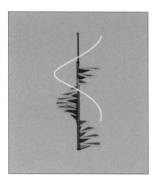 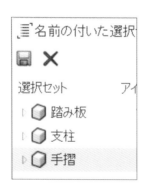

3

オブジェクトの選択をより速く切り替えること
ができるので便利です。

異なるレイヤや異なるグループのオブジェク
トも同じ選択セットに保存できます。

また、同じオブジェクトを重複して異なる選
択セットに保存することもできます。

CHAPTER 1
CHAPTER 2
CHAPTER 3
CHAPTER 4
CHAPTER 5
CHAPTER 6
CHAPTER 7
CHAPTER 8
CHAPTER 9
CHAPTER 10

3-13 コマンドの復習 —リートフェルトの椅子—

使用ファイル｜ 3-13_リートフェルトの椅子.3dm

リートフェルトの椅子の部材を使って、本章までに学んだコマンド（移動・回転など）を復習します。

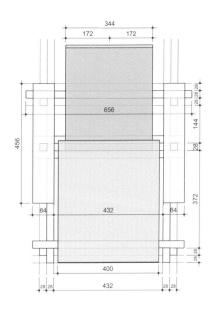

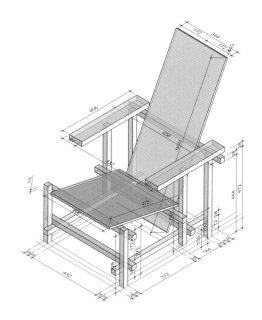

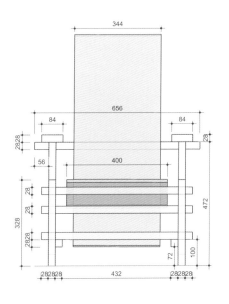

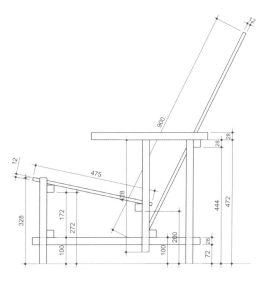

本項の題材は、ヘーリット・トーマス・リートフェルトが1917年に発表した椅子に基づいています。寸法は既存資料を参考にしていますが、実際とは異なります。

以下の手順でリートフェルトの椅子を作成していきます。

ガイド線を確認　　　　　　　　縦材・横材・肘掛材を配置　　　　　　座面・背面を配置して完成

CHAPTER 1
CHAPTER 2
CHAPTER 3
CHAPTER 4
CHAPTER 5
CHAPTER 6
CHAPTER 7
CHAPTER 8
CHAPTER 9
CHAPTER 10

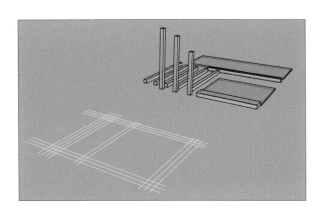

サンプルファイルを開くとガイド線と部材が用意されています。

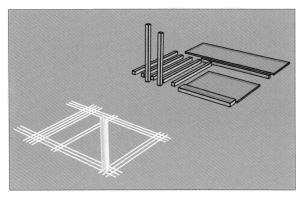

［Move］コマンドを実行して、縦材を配置していきます。
まず、左図のように一番短い縦材を移動させます。

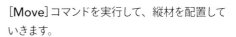

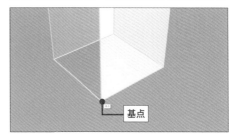

基点

ガイド線を参考に、図のように配置します。

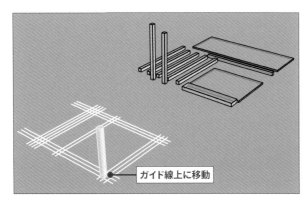

ガイド線上に移動

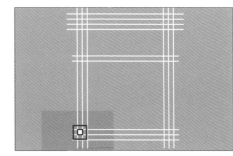

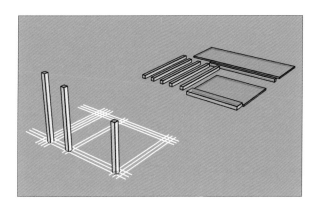

他の縦部材も同様に、図のように配置します。

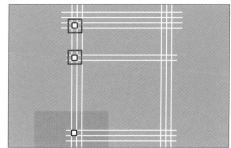

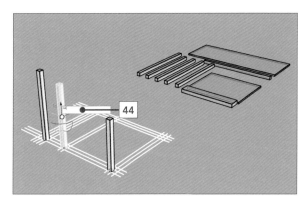

中央の縦材を選択して、ガムボールによって**Z軸方向**に**44mm**移動させます。

44

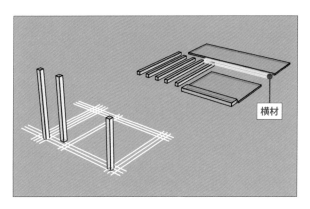

横材

[Move]コマンドを実行して、横材を配置していきます。

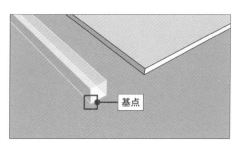

基点

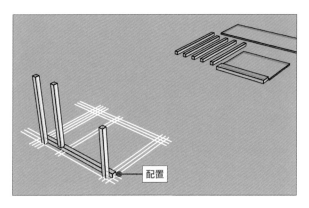

配置

ガイド線を参考に、図のように配置します。

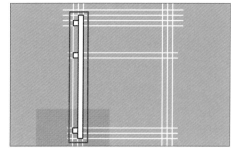

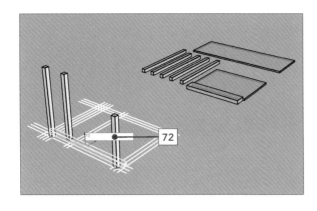

横材を選択して、ガムボールによって**Z軸方向**に**72**mm移動させます。

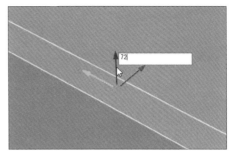

[Move]コマンドを実行して、肘掛材を配置していきます。

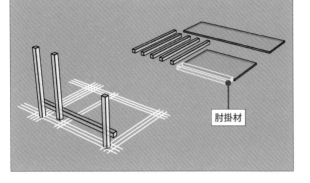

肘掛材

基点

ガイド線を参考に、図のように配置します。

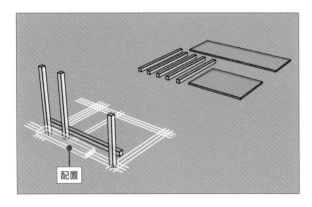

配置

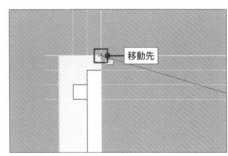

移動先

肘掛材を選択して、ガムボールによって**Z軸方向**に**472**mm移動させます。

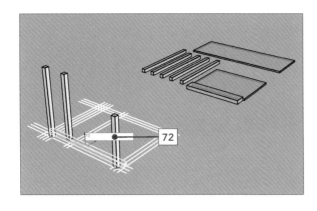

472

CHAPTER 1
CHAPTER 2
CHAPTER 3
CHAPTER 4
CHAPTER 5
CHAPTER 6
CHAPTER 7
CHAPTER 8
CHAPTER 9
CHAPTER 10

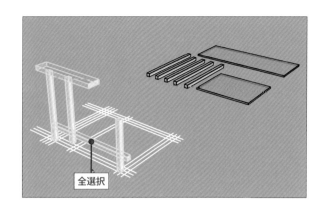

全選択

次に、[Mirror]コマンドを実行して、反対側も作成していきます。

配置した部材を全選択して、[Mirror]コマンドを実行します。

Top

ダブルクリック

[Top]ビューに切り替えて、以下の手順で鏡像化されたオブジェクトを作成します。

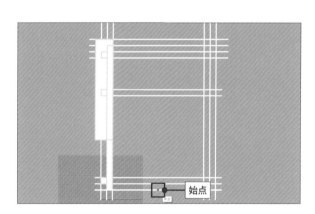

始点

鏡像化の軸を作成します。
左図のようにガイド線の中点を始点として選択します。

```
5個の押し出しを選択に追加しました。
コマンド: Mirror
対称軸(ミラー平面)の始点 ( 3点(P) コピー(C)=はい X軸(X) Y軸(Y)
```

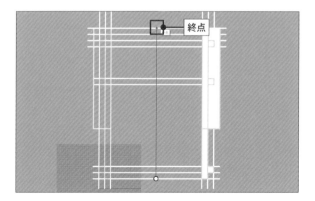

終点

終点も同様に左図のようにガイド線の中点を基点とします。[Shift]キーや直交モードを使い、直交するY方向の点を終点とすることもできます。

```
コマンド: Mirror
対称軸(ミラー平面)の始点 ( 3点(P) コピー(C)=はい X軸(X) Y軸(Y)
対称軸(ミラー平面)の終点 ( コピー(C)=はい)
```

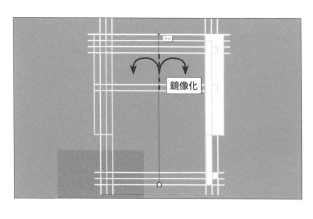

※このとき[Osnap]が有効で、[中点]にチェックが入っているか確認してください。

□端点	□近接点	□点	☑中点	□中心点	□交点	□垂直点

グリッドスナップ	直交モード	平面モード	Osnap

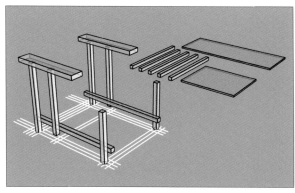

鏡像化されたオブジェクトの作成が完了しました。

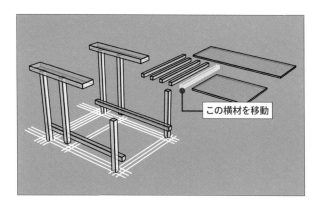

[Move]コマンドを実行して、残りの横材を配置していきます。

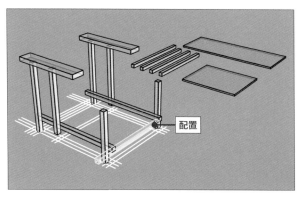

ガイド線を参考に、図のように配置します。

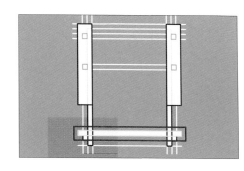

CHAPTER 1
CHAPTER 2
CHAPTER 3
CHAPTER 4
CHAPTER 5
CHAPTER 6
CHAPTER 7
CHAPTER 8
CHAPTER 9
CHAPTER 10

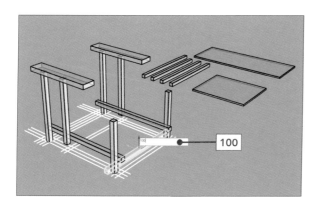

横材を選択して、ガムボールによって**Z軸方向**に100㎜移動させます。

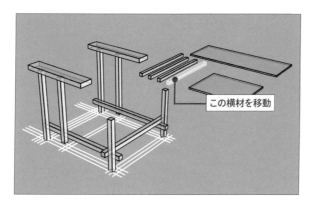

同様に［Move］コマンドを実行して、横材を配置していきます。

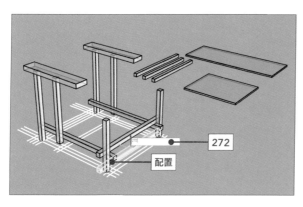

ガイド線を参考に図のように配置した横材を、ガムボールによって**Z軸方向**に272㎜移動させます。

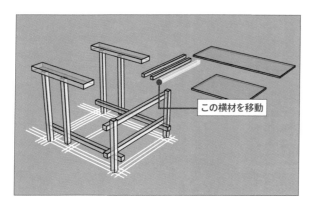

同様に［Move］コマンドを実行して、残りの横材を配置していきます。

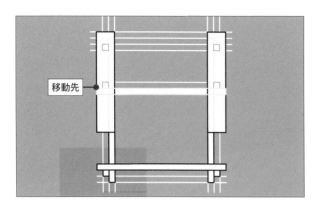

移動先

ガイド線を参考に、横材を図のように配置します。

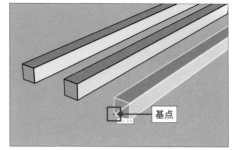

基点

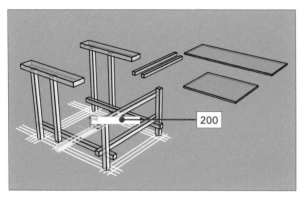

200

200

配置した横材を、ガムボールによって**Z軸方向**に**200**㎜移動させます。

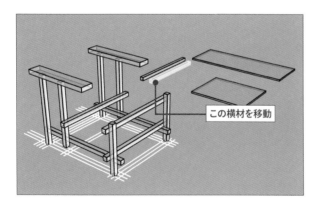

この横材を移動

同様に[Move]コマンドを実行して、ガイド線を参考に図のように配置します。

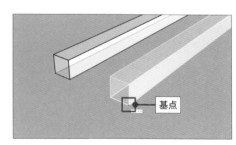

基点

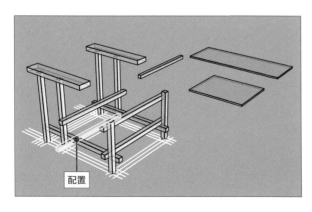

配置

CHAPTER 1
CHAPTER 2
CHAPTER 3
CHAPTER 4
CHAPTER 5
CHAPTER 6
CHAPTER 7
CHAPTER 8
CHAPTER 9
CHAPTER 10

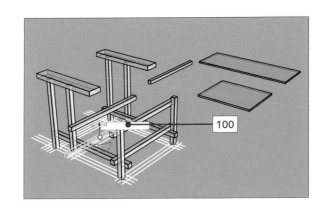

横材を選択して、ガムボールによってZ軸方向に100mm移動させます。

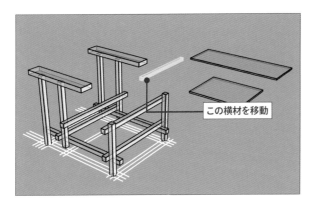

最後に、一番長い横材を[Move]コマンドを実行して、図のように配置します。

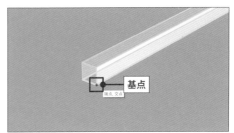

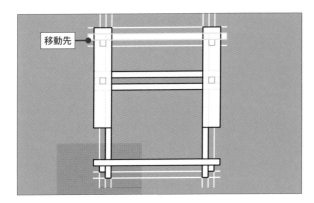

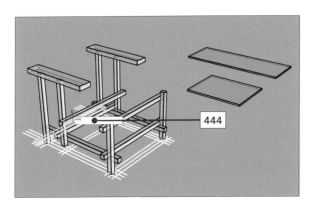

次に、横材を選択して、ガムボールによってZ軸方向に444mm移動させます。

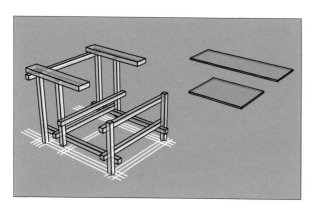

以上で、縦材、横材、肘掛材の配置が完了しました。

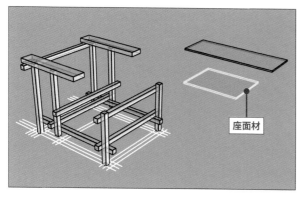

座面材

次に、[Move]コマンドを実行して、座面材を配置していきます。

※このとき[Osnap]が有効で、[中点]にチェックが入っているか確認してください。

□端点 □近接点 □点 ☑中点 □中心点 □交点 □垂直点 □

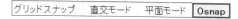
グリッドスナップ　直交モード　平面モード　Osnap

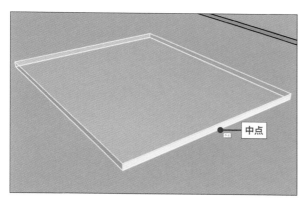

中点

左図のように、地面側の中点を基点にします。

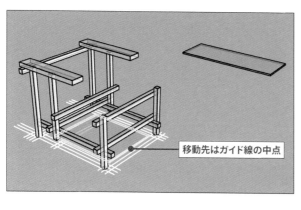

移動先はガイド線の中点

ガイド線の中点を移動先の点として選択します。

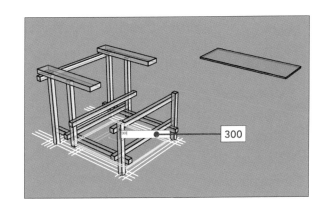

座面材を選択して、ガムボールによってZ軸方向に300㎜移動させます。

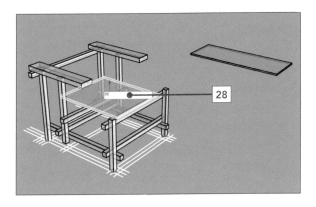

さらに、ガムボールによってY軸方向に28㎜移動させます。

次に、[Rotate]コマンドを実行します。

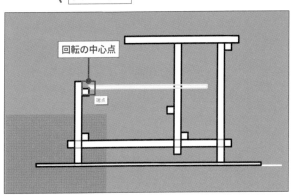

[Right]ビューに切り替えて、以下の手順で座面材を回転させます。
左図のように回転の中心点を選択します。

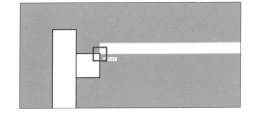

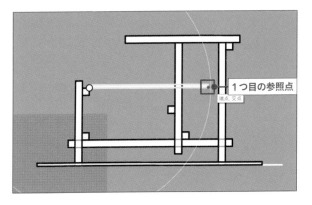

左図のように1つ目の参照点を選択します。

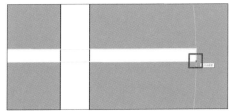

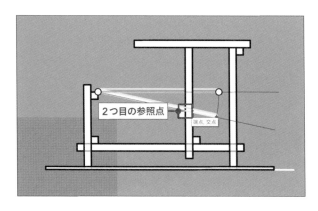

左図のように、回転させる先に2つ目の参照
点を選択します。

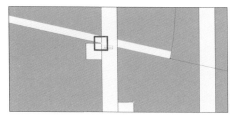

座面材の回転が完了します。

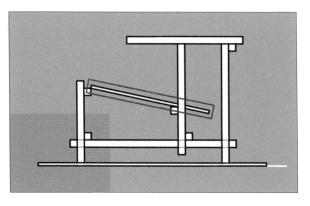

最後に座面材を平行移動させます。

平行移動のためのガイド線を[Line]コマンド
などを使用して、左図のように作成します。

※ガイド線を使わず、[Osnap]やスマートト
　ラックを使い、端点の直交方向にマウスカー
　ソルを拘束する方法もあります。

[投影]モードを[ON]にします。[Move]コマ
ンドを実行することによって、移動の基点を選
択します。

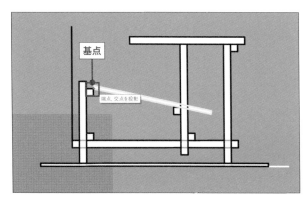

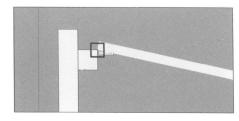

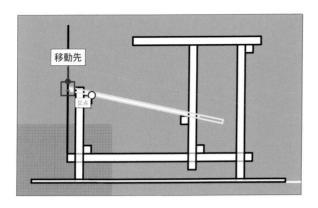

[Tab]キーを押すことによって移動角度を固定してから、先程作成したガイド線まで座面材を平行移動させます。

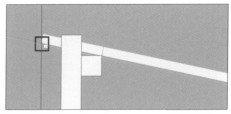

※[Right]ビューで平行移動を行う際、[投影]モードにチェックを入れていると、奥行き方向にずれることなくオブジェクトを移動することができます。

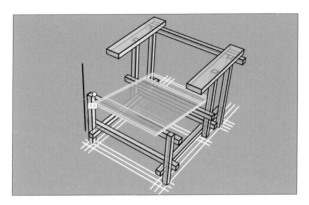

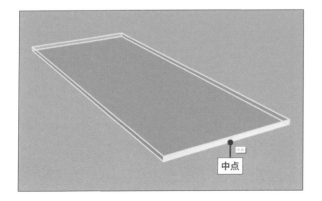

次に、[Move]コマンドを実行して、背面材を配置していきます。

※このとき[Osnap]が有効で、[中点]にチェックが入っているか確認してください。

左図のように、地面側の中点を基点にします。

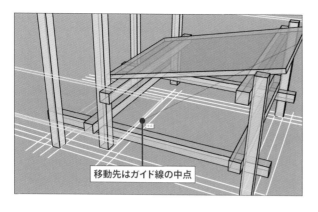

ガイド線の中点を移動先の点として選択します。

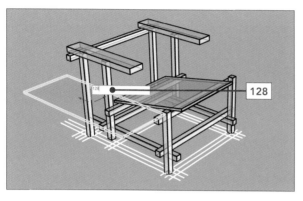

さらに、ガムボールによって**Z軸方向**に128
mm移動させます。

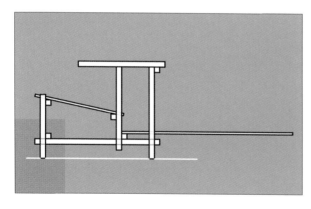

移動後は左図のようになります。

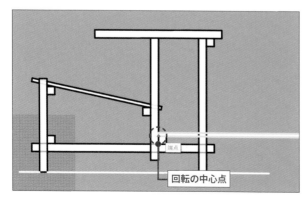

[Rotate]コマンドを実行して、背面材を回転
させていきます。

回転の中心を選択します。

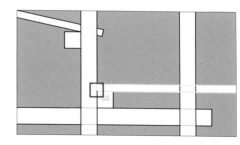

CHAPTER 1

CHAPTER 2

CHAPTER 3

CHAPTER 4

CHAPTER 5

CHAPTER 6

CHAPTER 7

CHAPTER 8

CHAPTER 9

CHAPTER 10

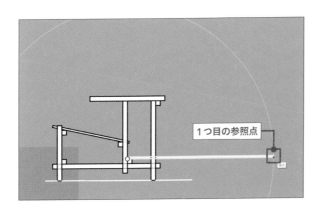

左図のように1つ目の参照点を選択します。

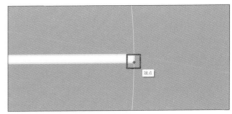

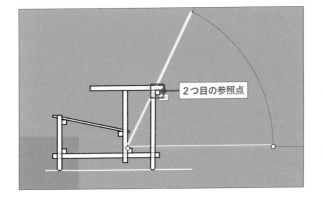

左図のように回転させたい先に2つ目の参照点を選択します。

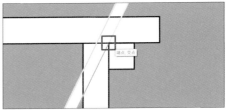

座面材と同様に、[Move]コマンドを実行して、左図のように背面材を平行移動させます。
[Right]ビュー、[Perspective]ビューを確認しながら行ってください。

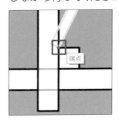 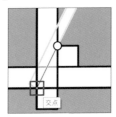

以上で、リートフェルトの椅子の組み立てが完了しました。

基本的なモデル作成コマンド

本章では、Rhinoで3Dモデルを作成するための必須コマンドを学習していきます。曲線から面を、曲線および面から立体物を作成する方法を理解することで、大方のモデリングができるようになります。

4-01 長方形のサーフェスを作成

使用ファイル｜4_モデル作成コマンド.3dm

コマンド 〉 **Plane**

長方形の平らなサーフェスを作成するコマンド

以下の3種類のいずれかの方法でコマンドを実行します。

コマンド	アイコン	メニュー
Plane	🔲	[サーフェス]→[平面]→[2コーナー指定]

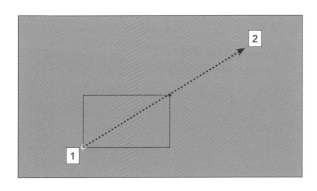

1
以下の各項では、サンプルファイルを収めたフォルダ内のRhinoデータを開いて学習していきます。

長方形のサーフェスの始点となる点1にカーソルを合わせてクリックします。

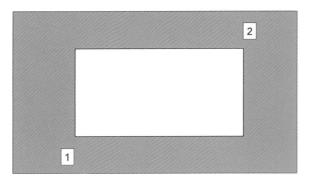

2
次に、長方形の始点に対して、対角の点となる点2にカーソルを合わせてクリックします。すると、長方形のサーフェスが作成されます。

または、コマンドラインに点1と点2のコーナーの座標値を入力しても、長方形のサーフェスを作成できます。

> もう一方のコーナーまたは長さ（3点(P)）|50|

> 幅。長さと同じ場合はEnterを押します|30|

その他に、数値を入力することでも長方形のサーフェスの作成が可能です。
長方形の始点をクリックした後に、「**50**」と入力して[Enter]キーを押すと、X方向の辺が50の長さで拘束されます。
次に、「**30**」と入力して[Enter]キーを押すと、Y方向の辺が30の長方形のサーフェスが作成されます。

CHAPTER 1
CHAPTER 2
CHAPTER 3
CHAPTER 4
CHAPTER 5
CHAPTER 6
CHAPTER 7
CHAPTER 8
CHAPTER 9
CHAPTER 10

4-02 同一平面上の曲線からサーフェスを作成

使用ファイル | 4_モデル作成コマンド.3dm

コマンド > **PlanarSrf**

同一平面上にある閉じた曲線から平らなサーフェスを作成するコマンド

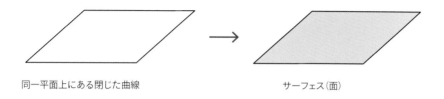

同一平面上にある閉じた曲線　　　　　　　　　サーフェス（面）

以下の3種類のいずれかの方法でコマンドを実行します。

コマンド	アイコン	メニュー
Planarsrf	🔘	［サーフェス］→［平面曲線から］

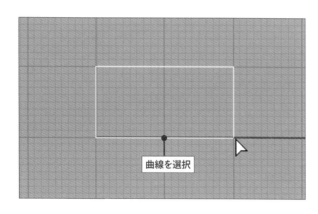

曲線を選択

1

サーフェスを作成する平面曲線を選択します。

「サーフェスを作成する平面曲線を選択」とコマンドラインに表示されるので、サーフェスを生成したい曲線を選択してください。

選択した平面曲線が黄色く表示されます。

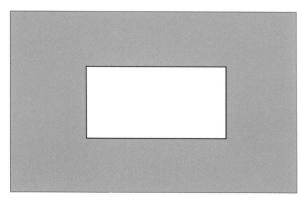

2

サーフェスを作成します。

平面曲線が選択された状態で、[**Enter**]キーまたは右クリックで作成完了します。

アイソカーブを表示したサーフェス

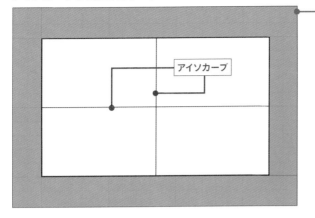

アイソカーブを非表示にしたサーフェス

※表示モードごとにアイソカーブの表示・非
　表示を設定することもできます。

パネルの表示タブのサーフェスアイソカーブ
の項目のチェックを外すと、その表示モード
で作成されるすべてのアイソカーブが非表
示になります。

CHAPTER 1

CHAPTER 2

CHAPTER 3

CHAPTER 4

CHAPTER 5

CHAPTER 6

CHAPTER 7

CHAPTER 8

CHAPTER 9

CHAPTER 10

4-03 複数のエッジからサーフェスを作成

使用ファイル｜4_モデル作成コマンド.3dm

コマンド 〉 **EdgeSrf**

開いた曲線からサーフェスを作成するコマンド

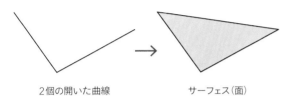

2個の開いた曲線　　　　　サーフェス（面）

3個の開いた曲線　　　　　サーフェス（面）

以下の3種類のいずれかの方法でコマンドを実行します。

コマンド	アイコン	メニュー
EdgeSrf		［サーフェス］→［エッジ曲線から］

2、3、または4個の開いた曲線を選択

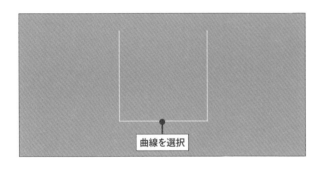

曲線を選択

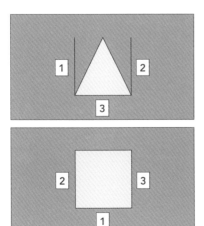

1
サーフェスを生成したい曲線を選択します。

「**2、3、または4個の開いた曲線を選択**」と
コマンドラインに表示されるので、サーフェ
スを生成したい曲線（それぞれの線）を選択
してください。

その際、曲線の選択順によって作成される
サーフェスの結果が異なることがあります。

2
サーフェスを作成します。

曲線が選択された状態で、［Enter］キーま
たは右クリックで作成完了します。
選択順の違いにより左図のような結果の違
いが表れます。

4-04 指定された点からサーフェスを作成

使用ファイル｜4_モデル作成コマンド.3dm

コマンド〉 SrfPt

指定された3点または4点から、サーフェスを作成するコマンド

3点

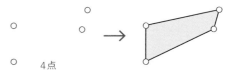

4点

以下の3種類のいずれかの方法でコマンドを実行します。

コマンド	アイコン	メニュー
SrfPt		[サーフェス]→[コーナー点から]

サーフェスの1つ目のコーナー

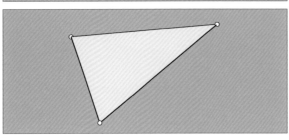

1
[Perspective]ビューにします。
3点からサーフェスを作成します。

[SrfPt]コマンドを実行すると「**サーフェスの
1つ目のコーナー**」とコマンドラインに表示
されるので、1点ずつ選択していきます。

2
3点選択して、[Enter]キーまたは右クリッ
クで作成完了します。

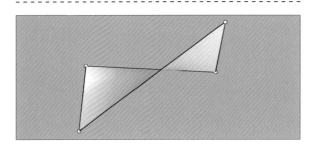

4点の場合は、4点選択するとコマンドが自
動的に終了します。
選択順の違いにより結果の違いが表れます。

CHAPTER 1
CHAPTER 2
CHAPTER 3
CHAPTER 4
CHAPTER 5
CHAPTER 6
CHAPTER 7
CHAPTER 8
CHAPTER 9
CHAPTER 10

4-05 曲線を押し出してサーフェスを作成

使用ファイル | 4_モデル作成コマンド.3dm

コマンド 〉 **ExtrudeCrv**

曲線を押し出して、サーフェスやポリサーフェス（立体）を作成するコマンド

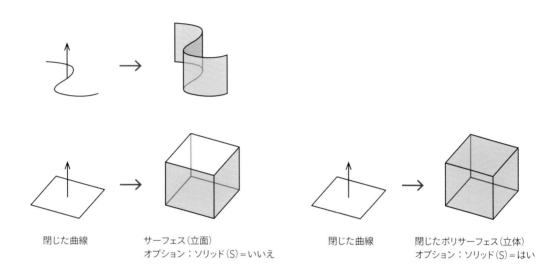

| 閉じた曲線 | サーフェス（立面）
オプション：ソリッド（S）＝いいえ | 閉じた曲線 | 閉じたポリサーフェス（立体）
オプション：ソリッド（S）＝はい |

以下の3種類のいずれかの方法でコマンドを実行します。

コマンド	アイコン	メニュー
ExtrudeCrv	🛢	［サーフェス］→［曲線を押し出し］

押し出す曲線を選択。操作を完了するにはEnterを押します

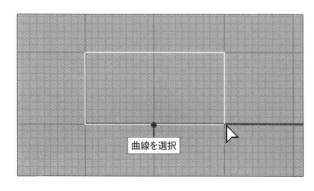

曲線を選択

1
押し出す曲線を選択します。

「**押し出す曲線を選択**」とコマンドラインに表示されるので、サーフェスを生成したい曲線を選択して、［**Enter**］キーまたは右クリックで作成完了します。

押し出す曲線を選択。操作を完了するにはEnterを押します
押し出し距離 <20> (出力(O)=サーフェス 方向(D) 両方向(B)=いいえ ソリッド(S)=いいえ 元のオブジェクトを削除(L)=いいえ 境界まで(T) 基点を設定(A)) Solid=
押し出し距離 <20> (出力(O)= *サーフェス* 方向(D) 両方向(B)=*いいえ* ソリッド(S)=*いいえ* 元のオブジェクトを削除(L)=*いいえ* 境界まで(T) 基点を設定(A) 20

方向（D）：
押し出す方向を、基点
→押し出す方向の順に
クリックして調整します。

両方向（B）：
押し出しを両方向に押し出
すか、カーソルの方向また
は数値の値の方向のみに押
し出すかを設定できます。

ソリッド（S）：
閉じた曲線の場合、
「はい」を選ぶとサーフェスに蓋をして
閉じたポリサーフェスが作成されます。
「いいえ」を選ぶと曲線だけを立ち上
げたサーフェスが作成されます。

押し出し距離：
押し出す距離
を入力します。

2
押し出し距離やオプションを設定します。

コマンドラインに上図のようなオプションが
表示されます。
各オプション内容を確認して、押し出す距離
を数値でコマンドラインに入力します。[Enter]
キーまたは右クリックで作成完了します。

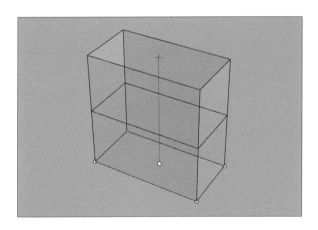

1
カーソルを押し出し方向に移動してクリック
することで、押し出す距離を確定することも
できます。

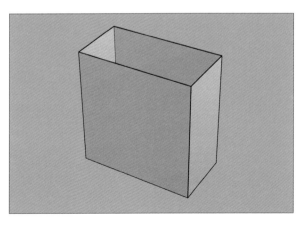

2
クリックで作成完了します。

CHAPTER 1
CHAPTER 2
CHAPTER 3
CHAPTER 4
CHAPTER 5
CHAPTER 6
CHAPTER 7
CHAPTER 8
CHAPTER 9
CHAPTER 10

4-06　開いたポリサーフェスを閉じる

使用ファイル｜4_モデル作成コマンド.3dm

コマンド 〉 **Cap**

開いたポリサーフェスに蓋をして閉じたポリサーフェスにするコマンド

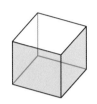

開いたポリサーフェス　　　　　　　　　　　　　　　　閉じたポリサーフェス（立体）

以下の3種類のいずれかの方法でコマンドを実行します。

コマンド	アイコン	メニュー
Cap	🗃	［ソリッド］→［キャップ］

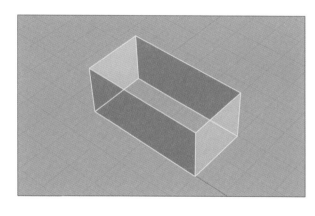

1
押し出された曲線を選択します。

「キャップを作成するオブジェクトを選択」と
コマンドラインに表示されるので、蓋をした
いポリサーフェスを選択して、［Enter］キー
または右クリックで完了します。

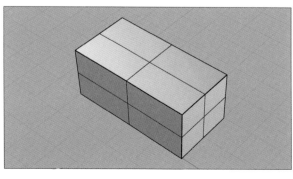

2
ポリサーフェスに蓋がされます。

4-07 面を押し出してポリサーフェスを作成

使用ファイル｜4_モデル作成コマンド.3dm

コマンド ExtrudeSrf

サーフェス（平面）を押し出して、サーフェス（立面）やポリサーフェス（立体）を作成するコマンド

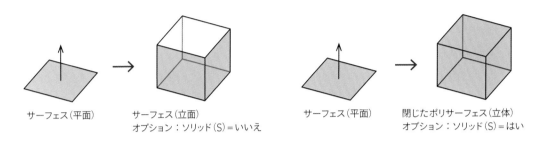

サーフェス（平面）　→　サーフェス（立面）
オプション：ソリッド（S）＝いいえ

サーフェス（平面）　→　閉じたポリサーフェス（立体）
オプション：ソリッド（S）＝はい

以下の3種類のいずれかの方法でコマンドを実行します。

コマンド	アイコン	メニュー
ExtrudeSrf	🗔	［サーフェス］→［サーフェスを押し出し］

押し出すサーフェスを選択。操作を完了するにはEnterを押します

サーフェスを選択

1

押し出すサーフェスを選択します。

「**押し出すサーフェスを選択**」とコマンドラインに表示されるので、サーフェスまたはポリサーフェスの押し出したい面を選択して、［Enter］キーまたは右クリックで完了します。

押し出すサーフェスを選択。操作を完了するにはEnterを押します
押し出し距離 <20> (方向(D) 両方向(B)=いいえ ソリッド(S)=はい 元のオブジェクトを削除(L)=はい 境界まで(T) 接点で分割(P)=いいえ 基点を設定(A)) 元のオブ
押し出し距離 <20> (方向(D) 両方向(B)=*いいえ* ソリッド(S)=*はい* 元のオブジェクトを削除(L)=*いいえ* 境界まで(T) 接点で分割(P)=*いいえ* 基点を設定(A) 20

方向(D):
押し出す方向を、基点
→押し出す方向の順に
クリックして調整します。

両方向(B):
押し出しを両方向に押し出
すか、カーソルの方向また
は数値の値の方向のみに押
し出すかを設定できます。

ソリッド(S):
閉じた曲線の場合、
「はい」を選ぶと曲線だけを立ち上げた
サーフェスが作成されます。
「いいえ」を選ぶとサーフェスに蓋をして
閉じたポリサーフェスが作成されます。

押し出し距離:
押し出す距離
を入力します。

CHAPTER 1
CHAPTER 2
CHAPTER 3
CHAPTER 4
CHAPTER 5
CHAPTER 6
CHAPTER 7
CHAPTER 8
CHAPTER 9
CHAPTER 10

2
押し出し距離やオプションを設定します。

コマンドラインに上図のようなオプションが
表示されます。
各オプション内容を確認して、押し出し距離
をタイプ入力します。[**Enter**]キーまたは右
クリックで作成完了します。

- -

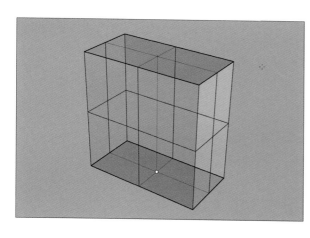

1
カーソルを押し出し方向に移動してクリック
することで、押し出し距離を確定することも
できます。

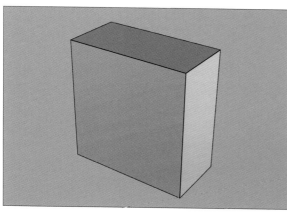

2
クリックで作成完了します。

CHAPTER 4

基本操作／基本的なモデル作成コマンド

4-08 ソリッドの直方体を作成

使用ファイル｜4_モデル作成コマンド.3dm

コマンド **Box**

ソリッドの直方体を作成するコマンド

以下の3種類のいずれかの方法でコマンドを実行します。

コマンド	アイコン	メニュー
Box	🧊	[ソリッド]→[直方体]→[2コーナー、高さ指定]

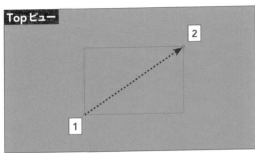

1
[Box]コマンドを実行します。

まず、直方体の底面を作成します。底面の始点となる点1にカーソルを合わせてクリックします。

次に、始点に対して、対角の点となる点2にカーソルを合わせてクリックします。

または、コマンドラインに点1と点2の座標値を入力して設定することもできます。

2
続いて高さを設定します。

直方体の頂点となる点3にカーソルを合わせてクリックします。

または、コマンドラインに点3の座標値を入力して設定することもできます。

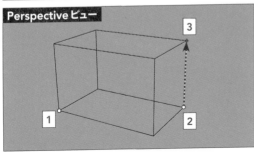

3
ソリッドの直方体が作成されました。

その他に、数値を入力することでも、直方体の作成が可能です。

底面の始点をクリックした後に、「50」と入力して[Enter]キーを押すと、X方向の辺が50の長さで拘束されます。

次に「30」と入力して[Enter]キーを押すと、もう一方の辺（Y方向）が30の長方形の底面が作成されます。

最後に、「30」と入力して[Enter]キーを押すと、高さ（Z方向）が30の直方体が作成されます。

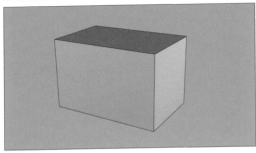

底面のもう一方のコーナーまたは長さ（3点(P)）50

幅。長さと同じ場合はEnterを押します 30

高さ。幅と同じ場合はEnterを押します 30

CHAPTER 1
CHAPTER 2
CHAPTER 3
CHAPTER 4
CHAPTER 5
CHAPTER 6
CHAPTER 7
CHAPTER 8
CHAPTER 9
CHAPTER 10

4-09 オブジェクト間に和の演算を行う

使用ファイル｜4_モデル作成コマンド.3dm

コマンド　BooleanUnion

選択したポリサーフェスまたはサーフェスの共有領域をトリムした後、
共有されていない領域から1つのポリサーフェスを作成するコマンド

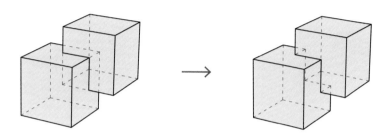

以下の3種類のいずれかの方法でコマンドを実行します。

コマンド	アイコン	メニュー
BooleanUnion		［ソリッド］→［和］

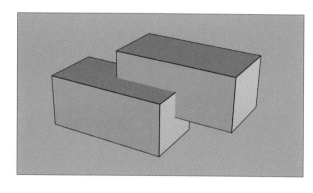

1

［BooleanUnion］コマンドを実行します。

「和演算を行うサーフェスまたはポリサーフェスを選択」とコマンドラインに表示されるので、和演算をしたい複数個のサーフェスまたはポリサーフェスを選択して、［Enter］キーまたは右クリックで完了します。

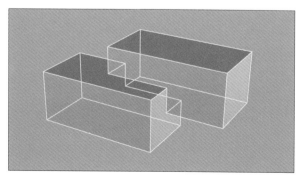

2

2つのポリサーフェスを結合したオブジェクトが作成されました。

知っておこう JoinとBooleanUnionの違い

Joinについて 開いた曲線・ポリサーフェス・押し出しやサーフェスを結合する。

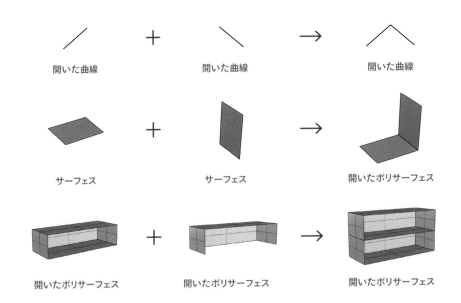

開いた曲線	開いた曲線	開いた曲線
サーフェス	サーフェス	開いたポリサーフェス
開いたポリサーフェス	開いたポリサーフェス	開いたポリサーフェス

BooleanUnionについて 閉じたサーフェス・ポリサーフェス・押し出しを和演算する。

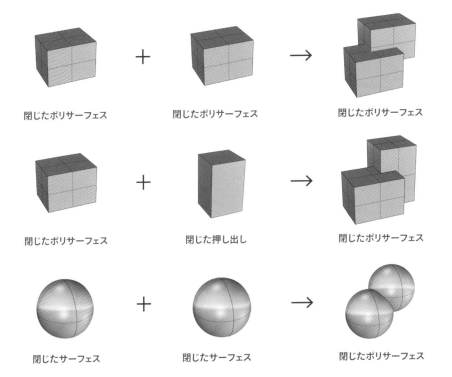

閉じたポリサーフェス	閉じたポリサーフェス	閉じたポリサーフェス
閉じたポリサーフェス	閉じた押し出し	閉じたポリサーフェス
閉じたサーフェス	閉じたサーフェス	閉じたポリサーフェス

4-10 オブジェクト間に差の演算を行う

使用ファイル | 4_モデル作成コマンド.3dm

コマンド 〉 **BooleanDifference**

元となるオブジェクトと対象となるオブジェクトの共有領域をトリムするコマンド

複数のオブジェクトがある場合に、元のオブジェクトを他のオブジェクトの形状でくりぬきたいときに用います。

以下の3種類のいずれかの方法でコマンドを実行します。

コマンド	アイコン	メニュー
BooleanDifference	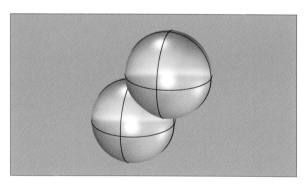	[**ソリッド**]→[**差**]

1

[BooleanDifference]コマンドを実行します。

「**差演算をする元のサーフェスまたはポリサーフェスを選択**」とコマンドラインに表示されるので、下部のオブジェクトを選択して、[**Enter**]キーを押します。

差演算に用いるサーフェスまたはポリサーフェスを選択 | 元のオブジェクトを削除(D)=はい

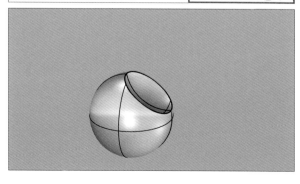

2

次に、差演算に上部のオブジェクトを選択して、「**元のオブジェクトを削除(D)＝はい**」となっていることを確認します。[**Enter**]キーまたは右クリックで完了します。

CHAPTER 1
CHAPTER 2
CHAPTER 3
CHAPTER 4
CHAPTER 5
CHAPTER 6
CHAPTER 7
CHAPTER 8
CHAPTER 9
CHAPTER 10

応用してみる くりぬかれた建築モデルを作成

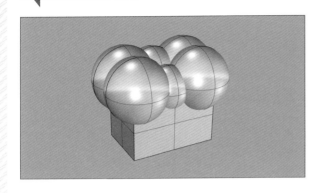

1

応用として、くりぬかれた形状の建築モデルを作成します。

[Group]コマンドを実行して、複数の球体のオブジェクトをグループ化します。

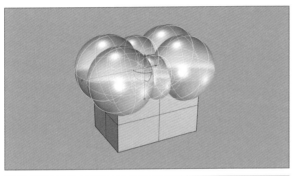

差演算をする元のサーフェスまたはポリサーフェスを選択。続行するにはEnterを押します

2

[BooleanDifference]コマンドを実行します。

「差演算をする元のサーフェスまたはポリサーフェスを選択」とコマンドラインに表示されるので、下部のオブジェクトを選択して、[Enter]キーを押します。

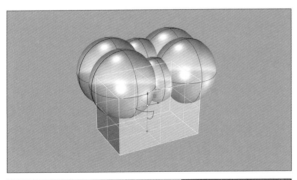

ーフェスを選択。操作を完了するにはEnterを押します　元のオブジェクトを削除(D)=はい

3

次に、差演算に用いる上部のオブジェクトを選択します。**「元のオブジェクトを削除(D)＝はい」**となっていることを確認して、[Enter]キーを押します。

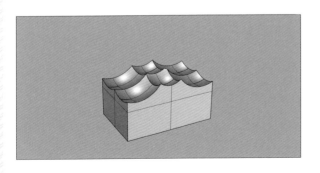

4

くりぬかれたオブジェクトが作成されました。

CHAPTER 1
CHAPTER 2
CHAPTER 3
CHAPTER 4
CHAPTER 5
CHAPTER 6
CHAPTER 7
CHAPTER 8
CHAPTER 9
CHAPTER 10

4-11 サーフェスを統合する

使用ファイル｜4_モデル作成コマンド.3dm

 コマンド MergeAllCoplanarFaces

少なくとも1つのエッジを共有するポリサーフェスの同一平面上にあるすべての面を1つのサーフェスに統合するコマンド

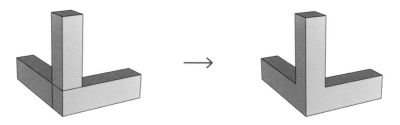

以下の3種類のいずれかの方法でコマンドを実行します。

コマンド	アイコン	メニュー
MergeAllCoplanarFaces		［ソリッド］→［ソリッド編集ツール］ →［面］→［同一平面上のすべての面をマージ］

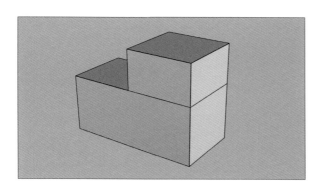

1

［BooleanUnion］コマンドを実行して、左図のように2つの直方体のオブジェクトを一体化させることによって1つのオブジェクトにします。

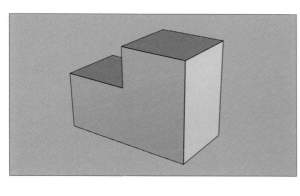

2

つなぎ目を含む面を統合します。

［MergeAllCoplanarFaces］コマンドを実行します。
「**メッシュ・ポリサーフェス、またはSubDを選択**」とコマンドラインに表示されるので、先程作成したポリサーフェスを選択して、［Enter］キーまたは右クリックで完了します。サーフェスが統合されて余分なエッジが取り除かれたことが分かります。

4-12 ガムボールで面・エッジ・点を編集する

使用ファイル | 4_モデル作成コマンド.3dm

キー操作 Ctrl+Shift+ 選択

ガムボールを用いてサーフェスやポリサーフェスの面・エッジ線・点を選択してオブジェクトを変形させるキー操作

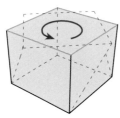

サーフェスを選択して回転

回転に合わせて形状が変化

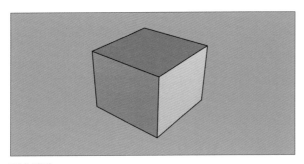

ガムボールを用い、このオブジェクトの面・エッジ線・点を移動・変形させていきます。ガムボールの詳細に関してはCHAPTER3-05を参照してください。

面を移動

移動方向の矢印を選択

1
[Ctrl+Shift]キーと左クリックで動かしたい面を選択して、ガムボールを表示させます。ガムボールで移動させたい方向の矢印（→）をドラッグして、面を移動させます。

2
指定の位置でドラッグを終了して、押し出しを完了させます。

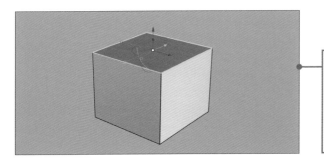

─── HINT ───

面の移動コマンド

[MoveFace]コマンドでポリサーフェスの面を選択して移動させることで、元のポリサーフェスの形状を変化させることができます。

面を回転

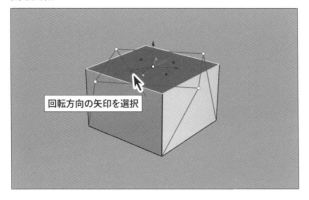

回転方向の矢印を選択

1

［**Ctrl+Shift**］キーと左クリックで動かしたい面を選択して、ガムボールを表示させます。ガムボールで回転させたい方向の矢印（→）をドラッグして、面を回転させます。

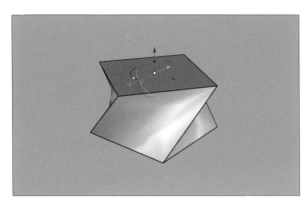

2

指定の位置でドラッグを終了して、面の回転を完了させます。

面をスケール変更

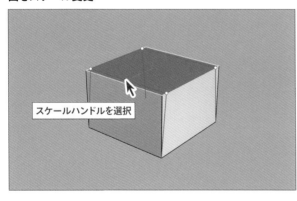

スケールハンドルを選択

1

［**Ctrl+Shift**］キーと左クリックで動かしたい面を選択して、ガムボールを表示させます。ガムボールでスケールを変更したい方向のスケールハンドルをドラッグして、面のスケールを変更します。

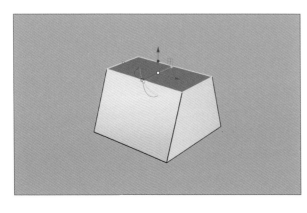

2

指定の位置でドラッグを終了して、スケールの変更を完了させます。

CHAPTER 1
CHAPTER 2
CHAPTER 3
CHAPTER 4
CHAPTER 5
CHAPTER 6
CHAPTER 7
CHAPTER 8
CHAPTER 9
CHAPTER 10

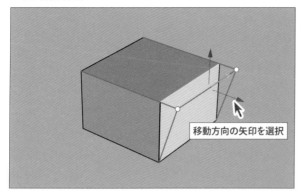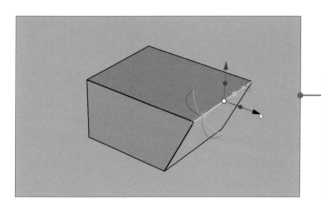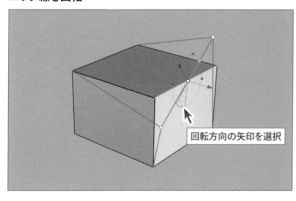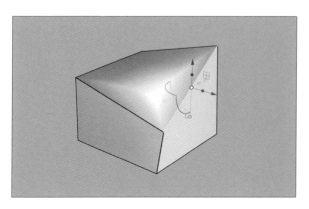

エッジ線を移動

移動方向の矢印を選択

1

［Ctrl+Shift］キーと左クリックで動かしたい
エッジ線を選択して、ガムボールを表示させ
ます。ガムボールで移動させたい方向の矢印
（→）をドラッグして、エッジ線を移動させます。

2

指定の位置でドラッグを終了して、エッジ線
の移動を完了させます。

--- HINT ---

エッジ線の移動コマンド

［MoveEdge］コマンドでサーフェスやポリ
サーフェスのエッジ線を選択して移動させ
ることで、元のサーフェスやポリサーフェス
の形状を変化させることができます。

エッジ線を回転

回転方向の矢印を選択

1

［Ctrl+Shift］キーと左クリックで動かしたい
エッジ線を選択して、ガムボールを表示させ
ます。ガムボールで回転させたい方向の矢印
（→）をドラッグして、エッジ線を回転させます。

2

指定の位置でドラッグを終了して、エッジ線
の回転を完了させます。

エッジ線をスケール変更

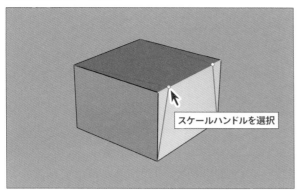

スケールハンドルを選択

1

[**Ctrl+Shift**]キーと左クリックで動かしたい
エッジ線を選択して、ガムボールを表示させ
ます。ガムボールでスケールを変更したい
方向のスケールハンドルをドラッグして、エッ
ジ線のスケールを変更します。

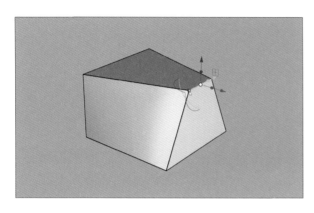

2

指定の位置でドラッグを終了して、スケール
の変更を完了させます。

点を移動

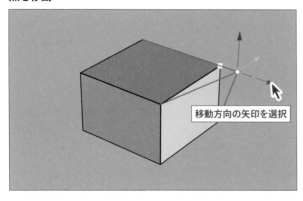

移動方向の矢印を選択

1

[**Ctrl+Shift**]キーと左クリックで動かしたい
点を選択して、ガムボールを表示させます。
ガムボールで移動させたい方向の矢印（→）
をドラッグして、点を移動させます。

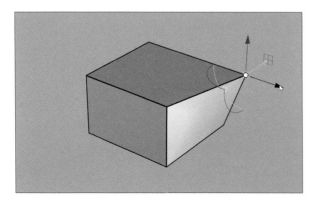

2

指定の位置でドラッグを終了して、点の移動
を完了させます。

CHAPTER 1
CHAPTER 2
CHAPTER 3
CHAPTER 4
CHAPTER 5
CHAPTER 6
CHAPTER 7
CHAPTER 8
CHAPTER 9
CHAPTER 10

4-13 複数の曲線からサーフェスを作成

使用ファイル｜ 4_モデル作成コマンド.3dm

コマンド 〉 **Loft**

2つ以上の輪郭曲線からサーフェスを作成するコマンド

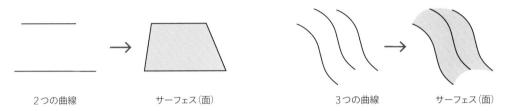

| 2つの曲線 | | サーフェス（面） | | 3つの曲線 | | サーフェス（面） |

以下の3種類のいずれかの方法でコマンドを実行します。

コマンド	アイコン	メニュー
Loft	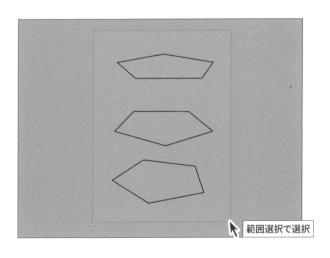 ✎	［**サーフェス**］→［**ロフト**］

ロフトする曲線を選択。操作を完了するにはEnterを押します（ 点(P) ）

範囲選択で選択

1

ロフトする曲線を選択します。

「**ロフトする曲線を選択**」とコマンドラインに表示されるので、サーフェスを生成したい曲線を範囲選択で一度に選択して、［**Enter**］キーまたは右クリックで完了します。

CHAPTER 1
CHAPTER 2
CHAPTER 3
CHAPTER 4
CHAPTER 5
CHAPTER 6
CHAPTER 7
CHAPTER 8
CHAPTER 9
CHAPTER 10

シーム点をドラッグして調整。操作を完了するにはEnterを押します (反転(F) 自動(A) 元の状態に戻す(N) ノットにスナップ(S)=はい)

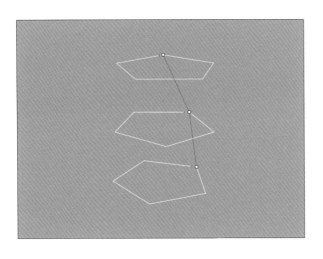

2
サーフェスの形状を調整します。

「シーム点をドラッグして調整」とコマンドラインに表示されるので、出来上がる形状にかかわるシーム点(曲線を継ぎ合わせる点、123ページ参照)の位置や矢印の向きを調整することができます。
[Enter]キーまたは右クリックで完了します。

3
ロフトのオプションを設定します。

ロフトに関する設定画面が表示されるので、スタイルなどを編集することができます。

問題がなければ[OK]を押して作成完了します。

ロフトオプション   ×

スタイル(S)
ノーマル   ∨

☐ 閉じたロフト(C)
　開始接線状態を維持(T)
　終了接線状態を維持(E)
☐ 接点で分割(L)

断面曲線オプション
　　曲線を整列...
⦿ 単純化しない(D)
◯ リビルド(R)   [10　　] 制御点
◯ 再フィット許容差(F) [0.001　] ミリメートル

　　OK　　 キャンセル ヘルプ(H)

4
サーフェスが作成されます。

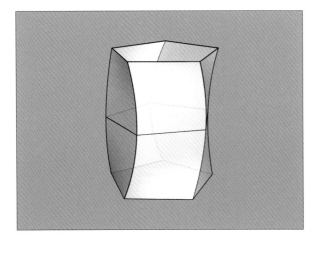

知っておこう ヒストリの記録

「ヒストリ」とは、コマンドを実行した際に元オブジェクトと実行結果の関係性を記録して継続させる機能です。
コマンドを記録させた場合、実行後に元オブジェクトに変更を加えると、結果もそれに伴って更新されます。
形状を試行錯誤したい場合に非常に便利な機能です。

例として、[Loft]コマンドとヒストリ機能を用いてサーフェスのスタディを行う方法を紹介します。

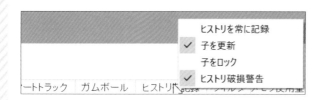

1
ステータスバーの[ヒストリを記録]上で右クリックして、[子を更新]にチェックが入っていることを確認します。

[ヒストリを記録]をクリックして、記録をオン状態にします。

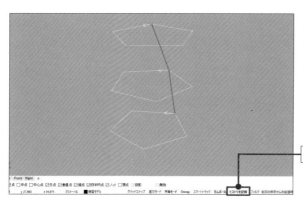

ONになっていることを確認

2
[Loft]コマンドを実行して、ガイド曲線を範囲選択で一度に選択します。[Enter]キーまたは右クリックで完了します。

3
ロフトに関する設定画面で[OK]をクリックして、サーフェスを作成します。

これで、[Loft]の操作が記録されています。

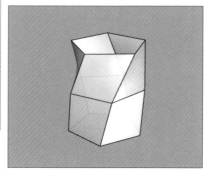

CHAPTER 1
CHAPTER 2
CHAPTER 3
CHAPTER 4
CHAPTER 5
CHAPTER 6
CHAPTER 7
CHAPTER 8
CHAPTER 9
CHAPTER 10

元の曲線を回転

4
元の曲線を選択して編集すると、それに連動して[Loft]コマンドで作成したサーフェスも更新されます。

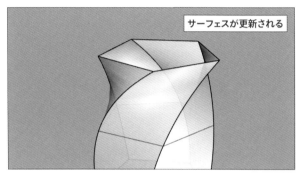

サーフェスが更新される

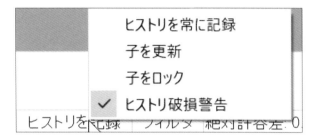

ヒストリを常に記録
子を更新
子をロック
✓ ヒストリ破損警告
ヒストリを記録　フィルタ　絶対許容差: 0

5
ステータスバーの[**ヒストリを記録**]上で、右クリックし[**子を更新**]のチェックを外すとヒストリの記録が終了します。

Rhino 7 ヒストリの警告　　　　　　　　　　×

⚠️　ドラッギングにより1個のオブジェクトのヒストリが破損しました。

OK　　　キャンセル

または、ヒストリの記録で変形先のオブジェクトに他のコマンドで変形を加えたり、移動したりして連携が保てなくなると、強制的にヒストリの記録が終了します。

コマンド: #Loft
ロフトする曲線を選択（ 点(P) ）|

※[**#（コマンド名）**]とコマンドラインに入力すると、ヒストリの記録を開始してコマンドを実行することができます。本項の場合は[**#Loft**]と入力します。

同様に[**%（コマンド名）**]と入力すると、ヒストリの記録を停止することができます。

4-14 コマンドの復習 −ねじれる建築−

使用ファイル | 4-14_ねじれる建築.3dm

ねじれる建築のモデリングを通して、本章で学んだコマンドを復習します。

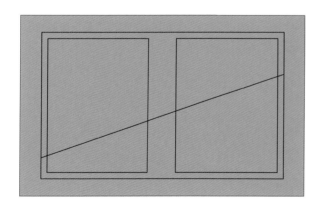

サンプルファイルを収めたフォルダ内の「4-14_**ねじれる建築**.3dm」を開きます。

作業がしやすいように最初に[Osnap]をオンにして、[端点]、[近接点]、[中点]、[交点]にチェックが入っていることを確認してください。

✓端点	✓近接点	□点	✓中点	□中心点	✓交点	□垂直点	□接点	□四半円点	□ノット	✓頂点	□投影	□無効

作業平面	×165.797	y -90.857	z 0.000	ミリメートル	■デフォルト		グリッドスナップ	直交モード	平面モード	Osnap	スマートトラック

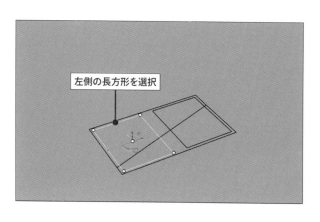

左側のボリュームから立ち上げていきます。

まず、左側の長方形を選択します。

左側の長方形を選択

コマンド: ExtrudeCrv
押し出し距離 <9000> (出力(Q)=サーフェス 方向(D) 両方向(B)=いいえ ソリッド(S)=はい 元のオブジェクトを削除(L)=はい 境界まで(T) 基点を設定(A)) 120000

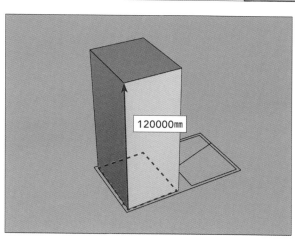

[ExtrudeCrv]コマンドを実行して、120000 mm立ち上げます。

コマンドラインで「ソリッド(S)=はい」になっていることを確認します。

120000mm

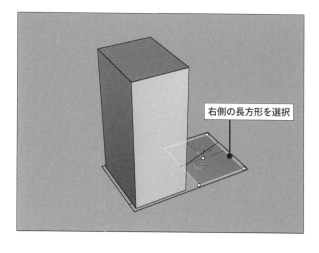

続いて、右側のボリュームは別の方法で立ち上げていきます。

まず右側の長方形を選択して、[PlanarSrf]コマンドを実行することによってサーフェスを作成します。

右側の長方形を選択

CHAPTER 1
CHAPTER 2
CHAPTER 3
CHAPTER 4
CHAPTER 5
CHAPTER 6
CHAPTER 7
CHAPTER 8
CHAPTER 9
CHAPTER 10

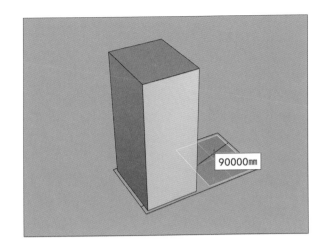

90000mm

作成したサーフェスを選択して、ガムボールの青い矢印の中点をクリックします。
「90000」と入力して、サーフェスを90000mm立ち上げます。

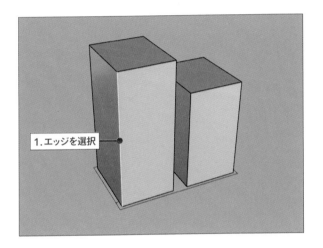

1.エッジを選択

次に、立ち上げた直方体のエッジを動かして、断面の形状を変更していきます。

[Ctrl+Shift]を押しながら、左図に示すエッジを選択します。

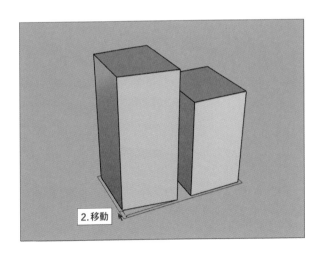

2.移動

[Move]コマンドを実行して、直方体の左下端点を移動の基点としながら、下図のように、長方形と直線の交点の位置に移動させます。

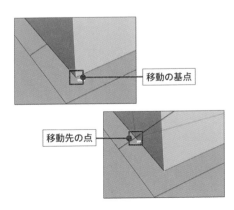

移動の基点

移動先の点

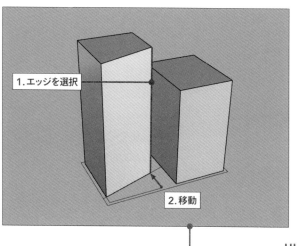

同様に[Ctrl+Shift]を押しながら、左図に示すエッジを選択します。

[Move]コマンドを実行して、立体の右下端点を基点としながら、長方形と直線の交点の位置に移動させます。

1.エッジを選択

2.移動

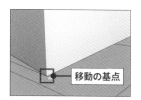

移動の基点

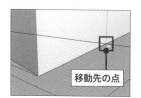

移動先の点

— HINT —
Osnapの活用

[Osnap]を有効にして、交点にチェックを入れておくと移動する際にずれることなく操作できます。

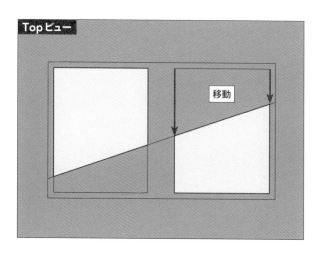

Topビュー

移動

右側の直方体についても、左図のような平面の形状になるように、[Ctrl+Shift]を押しながらエッジを選択して、[Move]コマンドで移動させます。

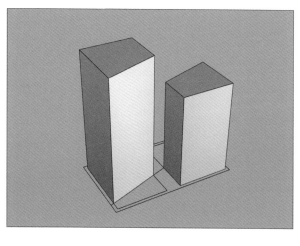

操作を終えると、左図のようになります。

CHAPTER 1
CHAPTER 2
CHAPTER 3
CHAPTER 4
CHAPTER 5
CHAPTER 6
CHAPTER 7
CHAPTER 8
CHAPTER 9
CHAPTER 10

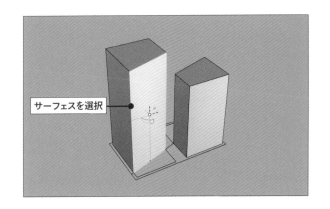

次は、立体の面を動かす方法で断面の形状を変更していきます。

[Ctrl+Shift]を押しながら、左側の立体を構成するサーフェスのうち、左図に示すサーフェスを選択します。

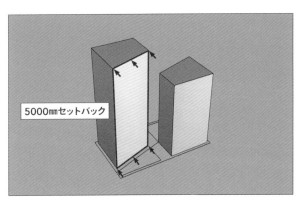

ガムボールの緑の矢印をクリックし「5000」と入力して、サーフェスを5000mmセットバックします。

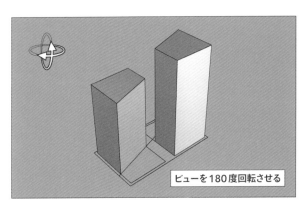

この後の操作がしやすくなるように、右クリック＋ドラッグでビューを180度回転させて、左図のように大きい方の立体が右側に来るようなアングルにします。

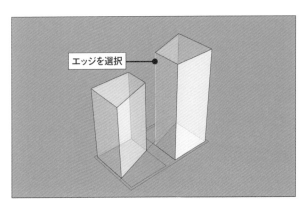

さらに、変形が分かりやすくなるように、表示モードを[ゴーストモード]に変更します。

続いて、[Ctrl+Shift]を押しながら、左図に示すエッジを選択します。

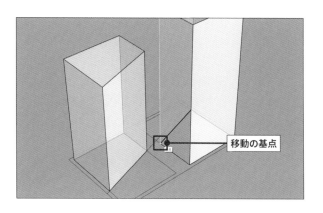

移動の基点

[Move]コマンドを実行して、左図に示す端点を移動の基点として選択します。

このとき、移動する方向は自由に選べる状態になっています。

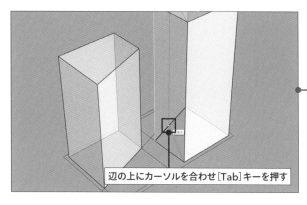

辺の上にカーソルを合わせ[Tab]キーを押す

次に、カーソルを左図に示す立体の底面の辺上に合わせて[Tab]キーを押します。

─ HINT ─

Osnapの活用

[Osnap]を有効にして、[近接点]にチェックを入れておくと、[Tab]キーで移動方向を拘束する際にずれることなく操作できます。

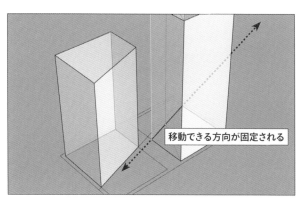

移動できる方向が固定される

これにより、移動できる方向が、左図のように立体の底面の辺上と、その延長線上に拘束されます。

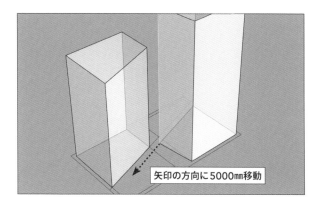

矢印の方向に5000mm移動

矢印の方向にカーソルを持っていった上で、「5000」と入力して、5000mm移動させます。

操作を終えると、左図のようになります。

CHAPTER 1
CHAPTER 2
CHAPTER 3
CHAPTER 4
CHAPTER 5
CHAPTER 6
CHAPTER 7
CHAPTER 8
CHAPTER 9
CHAPTER 10

117

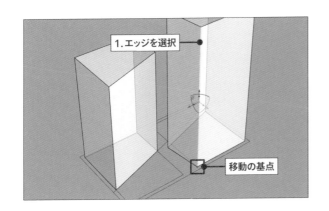

同様に、[Ctrl+Shift]を押しながら、左図に示すエッジを選択します。

[Move]コマンドを実行して、左図に示す端点を移動の基点として選択します。

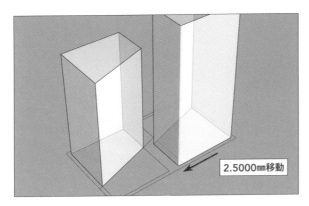

先程と同様に[Tab]キーを使って移動方向を固定した上で、「5000」と入力して5000mm移動させます。

操作を終えると、左図のようになります。

右クリック＋ドラッグでビューを180度回転させて、左図のように大きい方の立体が左側に来るようなアングルに戻します。

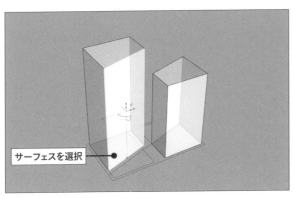

続いて、壁面を斜めに傾ける操作を行います。

まず、[Ctrl+Shift]を押しながら左図に示すサーフェスを選択します。

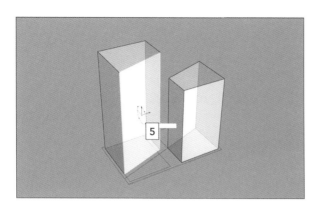

ガムボールの赤い円弧をクリックします。
ボックスに「**5**」と入力して、[Enter]キーを
押します。

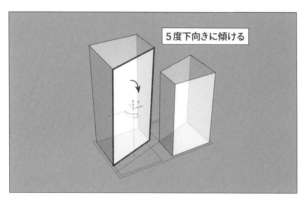

5度下向きに傾ける

この操作によって、選択したサーフェスを、
左図のように5度下向きに傾けることができ
ます。

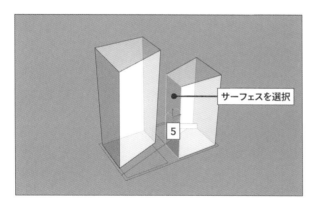

サーフェスを選択

同様に、[**Ctrl+Shift**]を押しながら左図に
示すサーフェスを選択します。

ガムボールの緑の円弧をクリックします。
ボックスに「**5**」と入力して、[**Enter**]キーを
押します。

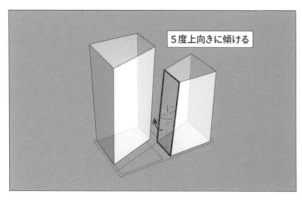

5度上向きに傾ける

この操作によって、選択したサーフェスを、
左図のように5度上向きに傾けることができ
ます。

CHAPTER 1
CHAPTER 2
CHAPTER 3
CHAPTER 4
CHAPTER 5
CHAPTER 6
CHAPTER 7
CHAPTER 8
CHAPTER 9
CHAPTER 10

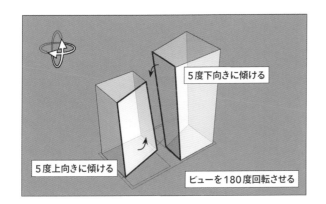

5度下向きに傾ける

5度上向きに傾ける

ビューを180度回転させる

続いて、右クリック＋ドラッグでビューを180度回転させ、左図のように大きい方の立体が右側に来るようなアングルにします。

［Ctrl+Shift］を押しながら左図に示すサーフェスをそれぞれ選択して、先程と同様の手順で、
・小さい方の立体の面は上向きに、
・大きい方の立体の面は下向きに、
それぞれ5度ずつ傾けます。

ビューを180度回転させて元に戻す

右クリック＋ドラッグでビューを180度回転させて、大きい方の立体が左側に来るようなアングルに戻します。

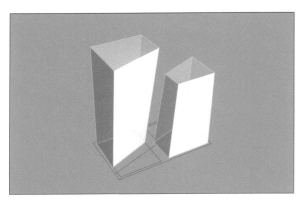

側面を傾けた影響で、上下のサーフェスの端点の高さがばらばらになってしまっているため、その高さを揃える操作を行っていきます。

まず、2つの立体を選択して、［Explode］コマンドを実行します。オブジェクトがそれぞれの面に分解されます。

次に、側面は必要ないのですべて選択して、［Delete］キーで削除します。

下2つのサーフェスを選択して、［SetPt］コマンドを実行します。

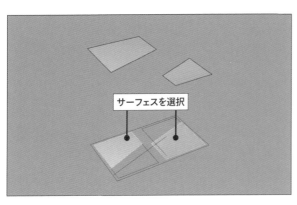

サーフェスを選択

点の設定

☐ Xを設定(X)
☐ Yを設定(Y)
☑ Zを設定(Z)
◉ ワールドに整列(W)
◯ 作業平面に整列(C)

| OK | キャンセル |

ポップアップウィンドウが表示されます。

今回は高さを揃えたいので、「**Zを設定**」の
みにチェックを入れて、[**OK**]をクリックします。

点の位置 (コピー(C)=いいえ) :

左図のように「**点の位置**」とコマンドラインに
表示されるので、揃える高さの基準点とし
て、左図に示す端点を選択します。

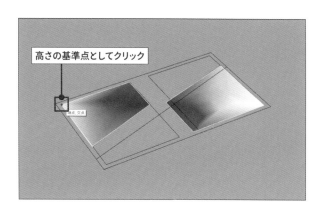

高さの基準点としてクリック

操作を終えると、左図のようになります。

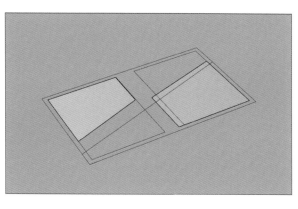

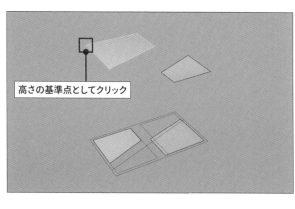

高さの基準点としてクリック

続いて、左上のサーフェスを選択して、同
様に[**SetPt**]コマンドを実行します。左図に
示す点を高さの基準点として、サーフェスの
端点の高さを揃えます。

CHAPTER 1
CHAPTER 2
CHAPTER 3
CHAPTER 4
CHAPTER 5
CHAPTER 6
CHAPTER 7
CHAPTER 8
CHAPTER 9
CHAPTER 10

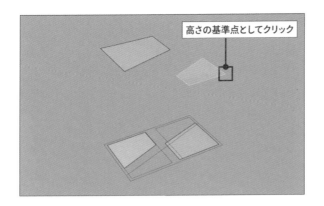

高さの基準点としてクリック

続いて、右上のサーフェスを選択して、同様に[SetPt]コマンドを実行します。左図に示す点を高さの基準点として、サーフェスの端点の高さを揃えます。

これで上下のサーフェスを整える操作は終了です。

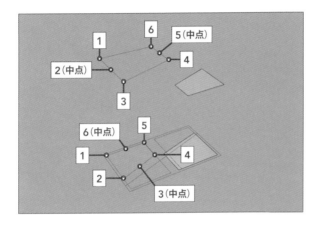

6
5（中点）
1
2（中点）
4
3
6（中点）
5
1
4
2
3（中点）

続いて、[Polyline]コマンドを実行して、左側の2つのサーフェスのエッジをなぞって線を引きます。

その際に左図のような順番で端点、もしくは辺の中点に点を打ちます。[Osnap]で[端点]、[中点]にチェックが入っていることを確認して作業を行ってください。

操作が終わったら、サーフェスは不要なので[Delete]キーで削除します。

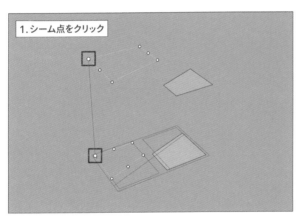

1. シーム点をクリック

作成した2つの曲線を選択して、[Loft]コマンドを実行します。
シーム点とそれをつなぐ線のプレビューが表示されます。このシーム点の位置を移動することで作成する立体の形を調整することができます。
今回は上下2つのシーム点を左図のように手前の位置に移動させます。
上下2つのシーム点をそれぞれクリックして、移動先の点をそれぞれクリックすることで移動できます。

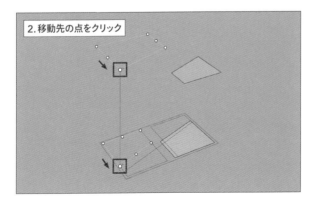

2. 移動先の点をクリック

調整が終わったら[Enter]キーまたは右クリックで完了します。

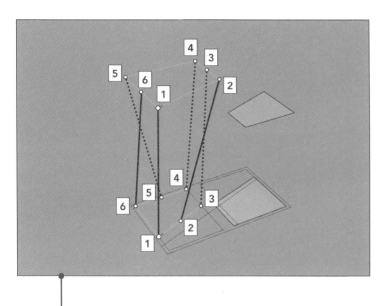

スタイル(S)
ノーマル

□ 閉じたロフト(C)
□ 開始接線状態を維持(T)
□ 終了接線状態を維持(E)
□ 接点で分割(L)

断面曲線オプション
　曲線を整列...
● 単純化しない(D)
○ リビルド(R)　　　10　制御点
○ 再フィット許容差(F)　0.01　ミリメートル

[OK]　[キャンセル]　[ヘルプ(H)]

ポップアップウィンドウが表示されます。左図のような設定で[OK]をクリックします。

左図において、同じ番号が振られている点同士が対応するシーム点です。

HINT

シーム点の位置調整による変形

シーム点とは曲線を継ぎ合わせる点のことです。
シーム点の位置を調整することによって、自由に[Loft]コマンドを用いることができます。

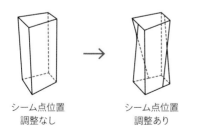

シーム点位置　　　　　　シーム点位置
調整なし　　　　　　　　調整あり

本モデルの場合、ねじれた側面が生成されるようにシーム点の位置を調整しました。
[Loft]コマンドを実行する前に制御点を追加したのは、シーム点の位置を調整する際の移動先とするためだったのです。

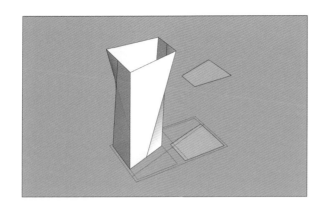

左図のようなオブジェクトが作成されます。

続いて、右側にもねじれたオブジェクトを作成していきます。

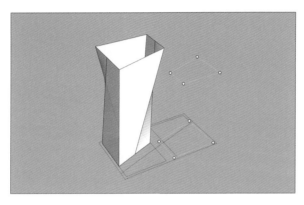

[Polyline]コマンドを実行して、右側の上下のサーフェスのエッジををなぞって線を引きます。
操作が終わったら、サーフェスは不要なので[Delete]キーで削除します。

※[Polyline]コマンドの代わりに、[Dup Border]コマンドを用いて境界線を作成しても構いません。

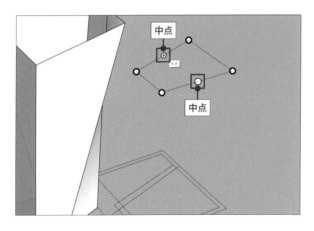

続いて、先程とは別の方法で制御点を追加していきます。

作成した上下の曲線それぞれに[Insert ControlPoint]コマンドを実行して、制御点を追加する位置を選んでクリックします。

上側の曲線に制御点を追加する位置は左図の通りです。今回は辺の中点に制御点を追加しました。

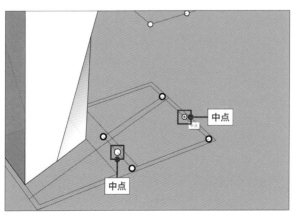

下側の曲線に制御点を追加する位置は左図の通りです。

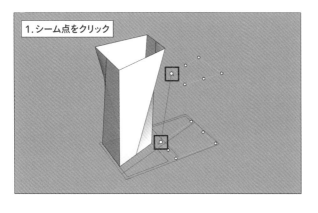

1. シーム点をクリック

次に、上下2つの曲線を選択して[Loft]コマンドを実行します。

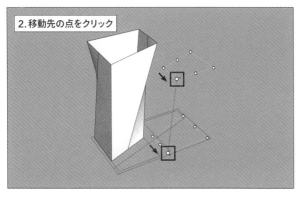

2. 移動先の点をクリック

シーム点とそれをつなぐ線のプレビューが表示されます。先程と同様に、上下2つのシーム点を左図のように手前の位置に移動させます。

調整が終わったら[Enter]キーまたは右クリックで完了します。

操作を終えると、左図のようになります。

最後に、作成した2つのねじれたオブジェクトを選択して、[Cap]コマンドを実行して蓋をします。

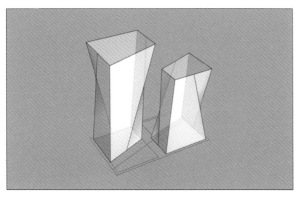

以上で、ねじれる建築のモデリングは終了です。

CHAPTER 1
CHAPTER 2
CHAPTER 3
CHAPTER 4
CHAPTER 5
CHAPTER 6
CHAPTER 7
CHAPTER 8
CHAPTER 9
CHAPTER 10

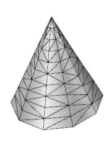
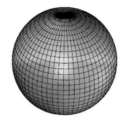

知っておこう MeshとSubDの基本

Meshとは

本書ではこれまで曲線、サーフェス、ポリサーフェス、ソリッドの作成方法と、それらの編集の仕方について学んできました。これらのオブジェクトは総称してNURBS（ナーブズ）と呼ばれます。

MeshはNURBSとは性質が異なるオブジェクトです。
頂点群と、その点を結ぶ3辺または4辺の閉じた複数の平面形状（メッシュ）で構成されています。メッシュ密度が高いほど、より正確な図形を表します。正確さはサーフェスに劣ります。
Meshの形状は頂点、エッジ、面を移動・削除することによって編集します。

Meshの構成

頂点

面

エッジ

Meshは頂点群とそれらにより張られる面によって定義されます。頂点、エッジ、面を操作できます。

Meshの基本操作例

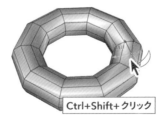

Ctrl+Shift+ クリック	Ctrl+Shift+ クリック	Ctrl+Shift+ クリック
頂点の選択	エッジの選択	面の選択

Meshの頂点、エッジ、面を選択する際には、[Ctrl + Shift]キーを押しながらクリックします。
移動およびスケール変更には、NURBSオブジェクトを操作する際と同様にガムボールを利用します。

点を移動

Mesh点を移動した例

頂点、エッジ、面を操作して、形状を編集します。

SubDとは

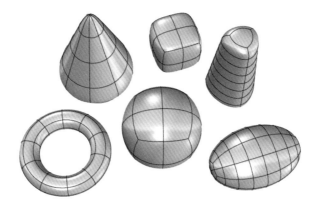

本項で学ぶSubD（SubDivision）もNURBSとは性質が異なるオブジェクトです。

SubDはMeshをベースにしたオブジェクトですが、サブディビジョンと呼ばれる分割方法により、より多くの頂点を持つオブジェクトを少ない制御点で編集することができます。
そのため、Meshよりも滑らかな形状にモデリングができる上、Meshを操作する場合と比べて、データ容量と動作が軽くなります。サーフェスの操作に比べて、SubDの操作の方が直感的に行うことができます。

スムーズとフラット

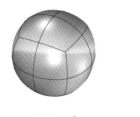

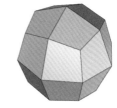

[Tab]キーまたは
[SubDDisplayToggle]

スムーズ

フラット

SubDの表示方式にはスムーズモードとフラットモードの2種類があります。スムーズは滑らかで有機的な形状を表すのに対して、フラットはMeshのように直線的な形状を表します。両者の間は、[SubDDisplayToggle]コマンドを実行するか、または[Tab]キーを押すことによって切り替えることができます。

CHAPTER 1
CHAPTER 2
CHAPTER 3
CHAPTER 4
CHAPTER 5
CHAPTER 6
CHAPTER 7
CHAPTER 8
CHAPTER 9
CHAPTER 10

SubDの基本操作例

Ctrl+Shift+ クリック

頂点の選択

Ctrl+Shift+ クリック

エッジの選択

Ctrl+Shift+ クリック

面の選択

SubDの頂点、エッジ、面を選択する際には、[**Ctrl + Shift**]キーを押しながらクリックします。
移動およびスケール変更には、NURBSオブジェクトを操作する際と同様にガムボールを利用します。
必要に応じてエッジを挿入したり、削除したりしながら作成したい形状に近づけていきます。

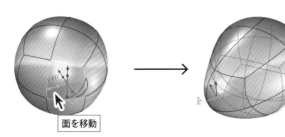

面を移動

左図のようにSubDの面を移動す
ると、有機的なSubD形状を維持
したまま、移動した面に隣接する
エッジカーブと面が変形します。

基本的なモデル編集コマンド

本章では、作成したオブジェクトを編集するための必須コマンドを学習していきます。さらに最後に、本章で学んだコマンドを用いて、層ごとに回転する建築を作成します。

5-01 オブジェクトを一方向に拡大・縮小する

使用ファイル｜5_モデル編集コマンド.3dm

コマンド　**Scale1D**

オブジェクトを一方向に拡大・縮小するコマンド

以下の3種類のいずれかの方法でコマンドを実行します。

コマンド	アイコン	メニュー
Scale1D		［変形］→［スケール］→［1Dスケール（1）］

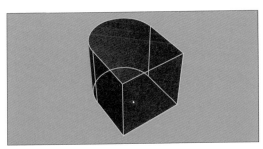

2. 端点をクリック

1. 基点をクリック

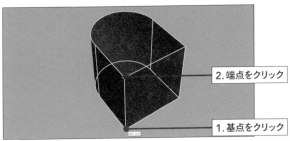

基点, 自動作成の場合はEnterを押します (コピー(C)=いいえ 元の形状を維持(R) スケールまたは1つ目の参照点 <1> (コピー(C)=いいえ 元の形状を維持(R)=いい 2つ目の参照点 (コピー(C)=いいえ 元の形状を維持(R)=いいえ) 40

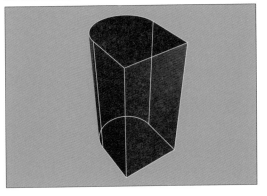

1
以下の各項では、サンプルファイルを収めた
フォルダ内のRhinoデータを開いて学習し
ていきます。

スケール（縮尺）を変更したいオブジェクトを
選択します。

2
オブジェクトを拡大・縮小の際に固定する基
点を選択します。

「**基点**」とコマンドラインに表示されるので、
スケールを変更したいオブジェクトの基点に
カーソルを合わせて選択してください。

次に、スケールを変更したい方向の端点を
選択します。「**スケールまたは1つ目の参照
点**」とコマンドラインに表示されるので、変更
するオブジェクトの端点を選択してください。

3
変更後の寸法を入力します。

「**2つ目の参照点**」とコマンドラインに表示
されるので、「**40**」と入力します。スケール
が2倍に変わったことを確認して、［Enter］
キーで完了します。高さ方向のみのスケー
ルが変更されます。

5-02 オブジェクトを切り取る

使用ファイル｜5_モデル編集コマンド.3dm

コマンド 〉 **Trim**

他のオブジェクトとの交差を用いてオブジェクトを切断・削除するコマンド

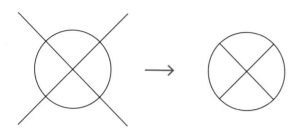

例として左図のように、×線を
円を用いてトリムしていきます。

以下の3種類のいずれかの方法でコマンドを実行します。

コマンド	アイコン	メニュー
Trim	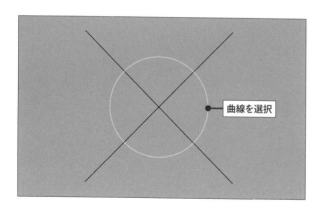	[編集]→[トリム]

切断に用いるオブジェクトを選択 (切断線を延長(E)=いいえ 仮想交差(A)=いいえ 線(L))

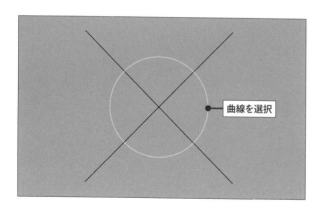

曲線を選択

1

切断に用いるオブジェクトを選択します。

「**切断に用いるオブジェクトを選択**」とコマン
ドラインに表示されるので、切断に用いる
オブジェクトを選択して、[**Enter**]キーを押
します。

131

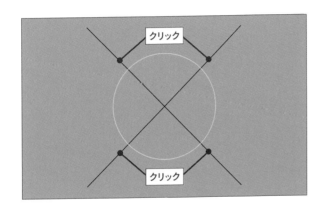

2

オブジェクトのトリムしたい部分を選択して
いきます。

トリムが終わったら[Enter]キーで完了しま
す。選択した部分がトリムされます。

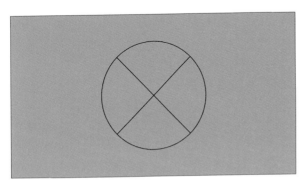

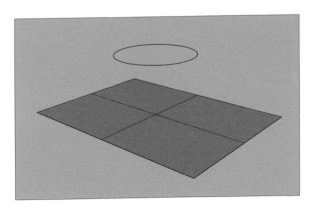

— HINT —

Trimの交差判定

[仮想交差(**A**)＝**はい**]に設定すると、オ
ブジェクトが交わっていない場合でも、
仮想の交差を判定してトリムを行ってくれ
ます。

[**Perspective**]ビューでは、仮想交差は、
切断オブジェクトの向きに依存します。そ
の他のビューでは見かけの交差に依存し
ます。

[**切断線を延長(E)＝はい**]にした場合は
仮想切断オブジェクトを延長させてトリム
を行います。

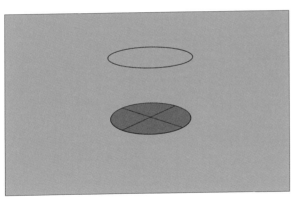

5-03 オブジェクトを分割する

使用ファイル｜5_モデル編集コマンド.3dm

コマンド〉 **Split**

他のオブジェクト用いるか、または指定した部分でオブジェクトを分割するコマンド

Splitコマンドでは
❶他のオブジェクトを用いて分割する
❷分割点を指定して曲線を分割する
❸分割線を指定してサーフェスを分割する
という3種類の方法があります。

❶他のオブジェクトを用いて分割する

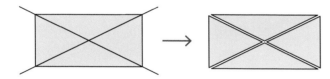

左図のように、×線を用いて1枚のサーフェスを4つに分割していきます。

以下の3種類のいずれかの方法でコマンドを実行します。

コマンド	アイコン	メニュー
［Split］	⊥	［編集］→［分割］

分割するオブジェクトを選択 (点(P) アインカーブ(I)).

1
分割するオブジェクトを選択します。

「**分割するオブジェクトを選択**」とコマンドラインに表示されるので、分割したいオブジェクトを選択して、［Enter］キーを押します。

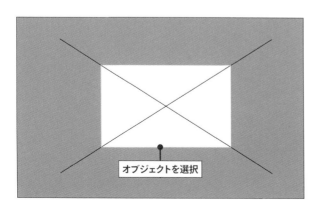

オブジェクトを選択

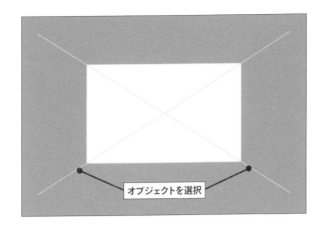

1

オブジェクトを分割します。

「切断に用いるオブジェクトを選択」とコマンドラインに表示されるので、切断に用いるオブジェクトを選択して、[Enter]キーで完了します。元のオブジェクトが分割されます。

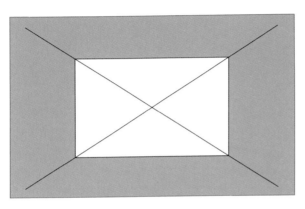

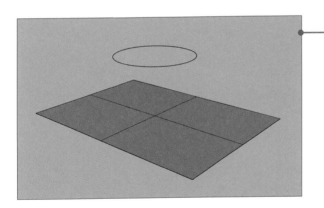

― HINT ―
Splitの交差判定

[Split]でも[Trim]と同様、オブジェクトが交わっていない場合でも、仮想の交差を判定して分割を行ってくれます。

[Perspective]ビューでは、仮想交差は切断オブジェクトの向きに依存します。その他のビューでは見かけの交差に依存します。

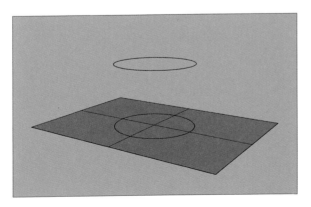

❷分割点を指定して曲線を分割する

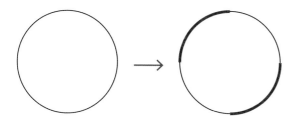

左図のように、円を四半円点で分割していきます。
（説明のため色を変えています）

1
[Split]コマンドを実行します。

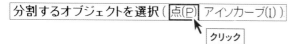

2
表示されたコマンドラインで[点（P）]を選択します。

3
分割する曲線を選択します。

「**分割する直線を選択**」とコマンドラインに表示されるので、分割したい曲線を選択します。

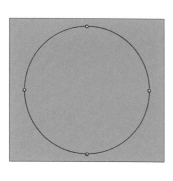

4
分割する点を選択します。

「**曲線を分割する点**」とコマンドラインに表示されるので、四半円点を選択していきます。

※四半円点が表示されない場合は、[Osnap]の[**四半円点**]にチェックを入れます。

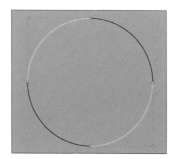

5
[Enter]キーで完了します。元の円が分割されます。

CHAPTER 1
CHAPTER 2
CHAPTER 3
CHAPTER 4
CHAPTER 5
CHAPTER 6
CHAPTER 7
CHAPTER 8
CHAPTER 9
CHAPTER 10

❸ 分割線を指定してサーフェスを分割する

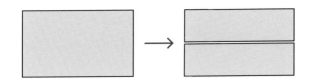

左図のように、長方形のサーフェスを中心線で分割していきます。

1
[Split]コマンドを実行します。

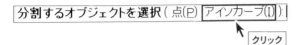

2
表示されたコマンドラインで[**アイソカーブ(I)**]を選択します。

分割するサーフェスを選択（ 縮小(S)=いいえ ）

3
分割するサーフェスを選択します。

「**分割するサーフェスを選択**」とコマンドラインに表示されるので、分割したいサーフェスを選択します。

分割点（ 方向(D)=U トグル(T) 縮小(S)=いいえ ）

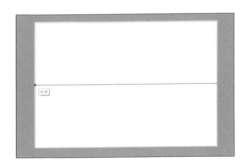

4
分割する点を選択します。

「**分割点**」とコマンドラインに表示されるので、中点を選択します。

※中点が表示されない場合は、[**Osnap**]の[**中点**]にチェックを入れます。

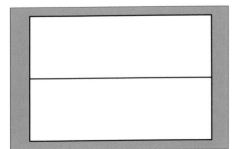

5
[Enter]キーで完了します。元の長方形が分割されます。

5-04 2つの曲線を円弧でつなぐ

使用ファイル | 5_モデル編集コマンド .3dm

コマンド 〉 **Fillet, FilletCorners**

2つの曲線の角を延長、またはトリムしながら円弧でつなげるコマンド

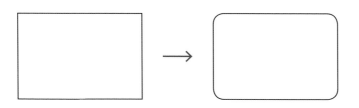

左図のように、長方形の角を丸めていきます。

以下の3種類のいずれかの方法でコマンドを実行します。

コマンド	アイコン	メニュー
Fillet		[曲線]→[フィレット]

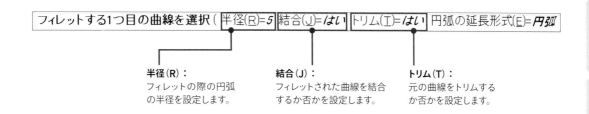

半径（R）：
フィレットの際の円弧の半径を設定します。

結合（J）：
フィレットされた曲線を結合するか否かを設定します。

トリム（T）：
元の曲線をトリムするか否かを設定します。

1
フィレットの設定をします。

コマンドラインに上図のようなオプションが表示されます。
各オプションを設定します。半径は「5」と入力します。

CHAPTER 1
CHAPTER 2
CHAPTER 3
CHAPTER 4
CHAPTER 5
CHAPTER 6
CHAPTER 7
CHAPTER 8
CHAPTER 9
CHAPTER 10

フィレットする1つ目の曲線を選択（半径(R)=

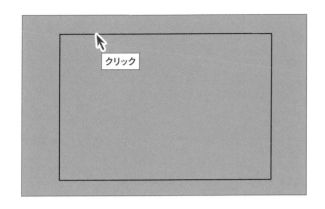

2

1つ目の角をフィレットしていきます。

そのまま「**フィレットする1つ目の曲線を選択**」とコマンドラインに表示されているので、1つ目の曲線（横線）を選択します。

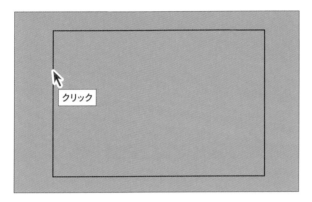

3

1つ目の角のフィレットを完了します。

「**フィレットする2つ目の曲線を選択**」とコマンドラインに表示されるので、2つ目の曲線（縦線）を選択します。

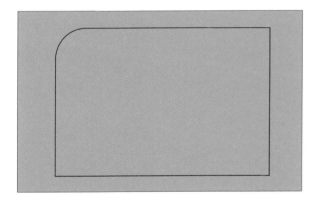

半径5の円弧でつなぐフィレットが完了します。

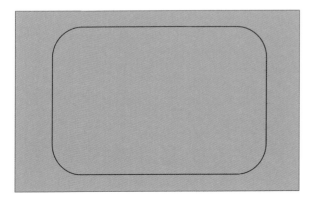

4

同様に、4つの角すべてをフィレットします。

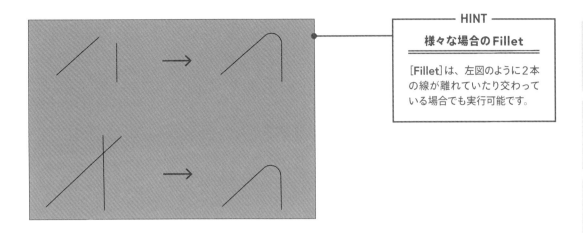

── HINT ──
様々な場合のFillet

[Fillet]は、左図のように2本の線が離れていたり交わっている場合でも実行可能です。

フィレットするポリカーブを選択

── HINT ──
すべての角を丸める

[FilletCorners]は、ポリカーブやポリラインのすべての角を1つの指定した半径の円弧で丸めるコマンドです。

図のように、コマンドラインの表示に従って曲線を選択します。円弧の半径を指定することで、すべての角が一度にフィレットされます。

フィレットの半径〈5.000〉

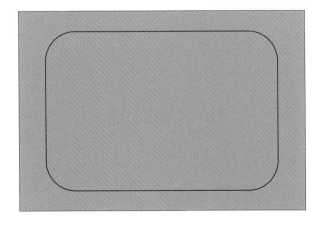

CHAPTER 1
CHAPTER 2
CHAPTER 3
CHAPTER 4
CHAPTER 5
CHAPTER 6
CHAPTER 7
CHAPTER 8
CHAPTER 9
CHAPTER 10

5-05 制御点と次数を再設定

使用ファイル｜5_モデル編集コマンド.3dm

コマンド Rebuild

オブジェクトの制御点と次数を再設定するコマンド

[Rebuild]コマンドの説明の前に、Rhinoオブジェクトに設定されている制御点と次数について解説します。

制御点について （340ページも参照）

制御点とは、オブジェクトの形状をコントロールする点のことです。
[PointsOn]コマンド（CHAPTER2-15参照）によって表示することができ、制御点を動かすことで形状を変えることができます。

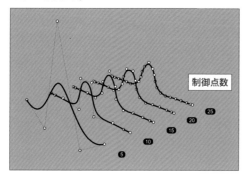

左図はそれぞれ制御点の個数が違う曲線です。

制御点が多いほど形状の細かな編集が可能になりますが、多すぎると編集が困難になったりオブジェクトの滑らかさが失われたりしてしまいます。

制御点を減らして形状を滑らかにしたい場合や逆に増やして細かな編集をしたい場合に[Rebuild]コマンドを使用します。

次数について

次数とは、簡単に言うとオブジェクトの滑らかさを表す数値です。
次数が大きくなるほどオブジェクトは滑らかになり、Rhinoオブジェクトでは最大32まで設定できます。

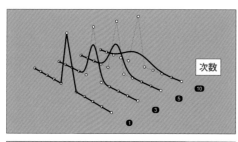

左図は同じ制御点数で、それぞれ次数の違う曲線です。
次数が増えると曲線の滑らかさが変化します。

次数1 ：直線や平面
次数2 ：放物線や球
次数3 ：自由曲線や自由曲面
次数4以上：より滑らかな自由曲線、自由曲面

建築モデリングでは、次数3の曲線を用いることが通常です。

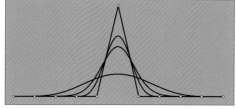

それでは、実際に [Rebuild] コマンドを用いて曲線の制御点数と次数を変更してみます。
下図のように、元の図形をそれぞれリビルドしていきます。

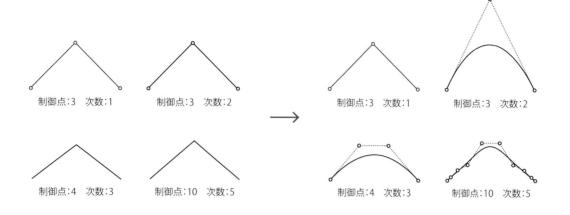

制御点:3　次数:1　　　　制御点:3　次数:2　　　　　　　　制御点:3　次数:1　　　　制御点:3　次数:2

制御点:4　次数:3　　　　制御点:10　次数:5　　　　　　　　制御点:4　次数:3　　　　制御点:10　次数:5

以下の3種類のいずれかの方法でコマンドを実行します。

コマンド	アイコン	メニュー
Rebuild		[**編集**] → [**リビルド**]

リビルドする曲線、押し出し、またはサーフェスを選択

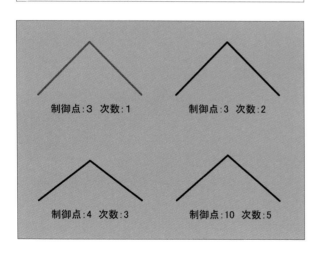

制御点:3　次数:1　　　　制御点:3　次数:2

制御点:4　次数:3　　　　制御点:10　次数:5

1
[Rebuild] コマンドを実行します。

「**リビルドする曲線、押し出し、またはサーフェスを選択**」とコマンドラインに表示されるので、リビルドしたいオブジェクトを選択して、[Enter] キーを押します。

※最初は、それぞれ同じ形状からスタートします。

CHAPTER 1
CHAPTER 2
CHAPTER 3
CHAPTER 4
CHAPTER 5
CHAPTER 6
CHAPTER 7
CHAPTER 8
CHAPTER 9
CHAPTER 10

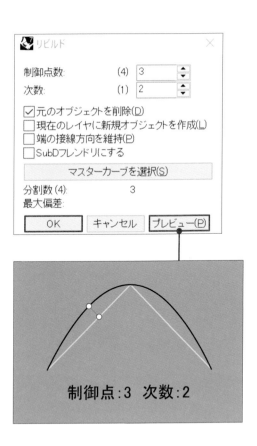

制御点:3　次数:2

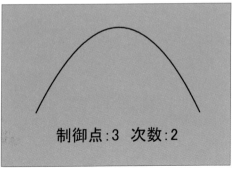

制御点:3　次数:2

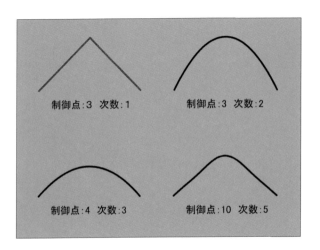

2

変更したい制御点と次数を入力します。

リビルドのオプションを設定するウィンドウ
が表示されるので、数値入力または、上下
の矢印をクリックして数値を変更します。

[プレビュー(P)]をクリックすると変更後の
形状を確認することができます。

問題がなければ[OK]をクリックしてリビル
ドを完了します。

3

同様にして、他の曲線もリビルドします。

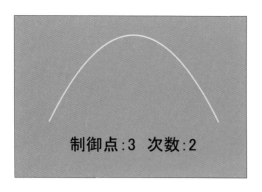

制御点:3 次数:2

4

既にあるオブジェクトの次数と制御点を確認したいときはプロパティから行います。

確認したいオブジェクトを選択して、プロパティの[**詳細(D)**]をクリックします。

プロパティ: オブジェクト

オブジェクト

タイプ	閉じた曲線
名前	
レイヤ	■デフォルト
表示色	□レイヤの設定
線種	レイヤの設定
印刷色	◇レイヤの設定
印刷幅	レイヤの設定
ハイパーリンク	

レンダリングメッシュ設定

カスタムメッシュ	
設定	調整

レンダリング中

キャストシャドウ	☑
レシーブシャドウ	☑

アイソカーブの密度

密度	
サーフェスのアイ...	

マッチング(M)

詳細(D)...

5

オブジェクトの詳細情報が表示されます。

次数と制御点の項目を確認できます。

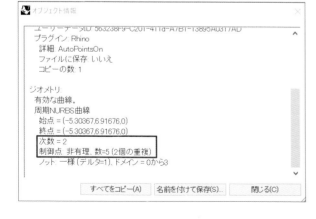

オブジェクト情報

ユーザーデータID: 563238F9-C201-411d-A7B1-13895A0317AD
　プラグイン: Rhino
　　詳細: AutoPointsOn
　　ファイルに保存: いいえ
　　コピーの数: 1

　ジオメトリ
　　有効な曲線。
　　周期NURBS曲線
　　　始点 = (-5.30367,6.91676,0)
　　　終点 = (-5.30367,6.91676,0)
　　　次数 = 2
　　　制御点: 非有理, 数=5 (2個の重複)
　　　ノット: 一様 (デルタ=1), ドメイン = 0から3

すべてをコピー(A)　　名前を付けて保存(S)...　　閉じる(C)

CHAPTER 1
CHAPTER 2
CHAPTER 3
CHAPTER 4
CHAPTER 5
CHAPTER 6
CHAPTER 7
CHAPTER 8
CHAPTER 9
CHAPTER 10

5-06 トリムされたサーフェスを整える

使用ファイル｜5_モデル編集コマンド.3dm

コマンド RefitTrim

トリムされたサーフェスのエッジを整えて、編集しやすいポリサーフェスを作成するコマンド

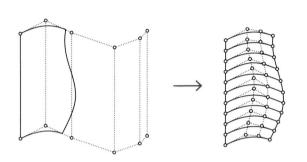

左図のように、トリムされたサー
フェスのエッジを整えて、ポリ
サーフェスを作成していきます。

サーフェスのエッジを整える

上図のように、[Trim]コマンドを用いたとき、トリムされたサーフェスのエッジとは異なる位置に制御点が並ぶ
場合があります。これは、トリムサーフェスに[PointsOn]コマンドを実行することで確認できます。
そのようにトリムされたサーフェスにさらに細かい変形を行いたい場合、制御点がサーフェスのエッジ上にできる
だけ高い精度、かつ高い密度で並んでいる必要があります。

以下の3種類のいずれかの方法でコマンドを実行します。

コマンド	アイコン	メニュー
RefitTrim		[サーフェス]→[サーフェス編集ツール] →[トリムエッジを再フィット]

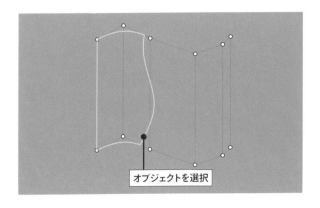

オブジェクトを選択

1
トリムエッジの再フィットを実行したいオブ
ジェクトを選択します。

左図では便宜上、事前に[PointsOn]コマ
ンドをオブジェクトに実行して、制御点を表
示しています。

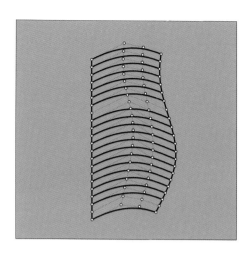

CHAPTER 1
CHAPTER 2
CHAPTER 3
CHAPTER 4
CHAPTER 5
CHAPTER 6
CHAPTER 7
CHAPTER 8
CHAPTER 9
CHAPTER 10

2
［RefitTrim］コマンドを実行します。

コマンドラインに下図のようなオプションが表示されるの
で、各オプションを設定します。トリムされているサーフェ
スのエッジを選択して、［Enter］キーで完了します。
任意の設定でトリムエッジが整えられたポリサーフェスが
作成されます。
ポリサーフェスは制御点を表示することができないので、
左図では説明上、［ExtractSrf］コマンドと［PointsOn］コ
マンドを用いて制御点を表示しています（［Explode］コマ
ンドでサーフェスに分解する方法もあります）。

トリムされているサーフェスエッジを選択（ スパンあたりの追加ノット(E)=20 元のオブジェクトを削除(D)=いいえ 現在のレイヤ(C)=いいえ

スパンあたりの追加ノット（E）：
再フィットを実行したいサーフェ
スエッジのスパンあたりにいくつ
のノットを追加するか設定します。

元のオブジェクトを削除（D）：
［RefitTrim］を実行した後、
元のオブジェクトを削除する
か否かを設定します。

現在のレイヤ（C）：
［RefitTrim］コマンドの実行結果を現在
のレイヤに作成するか入力オブジェクト
のレイヤに作成するかを設定します。

スパンあたりの追加ノット

スパンあたりの追加ノットとは、1スパンすなわち再フィットを実行したいサーフェスエッジあたりに挿入されるア
イソカーブの数を表しています。

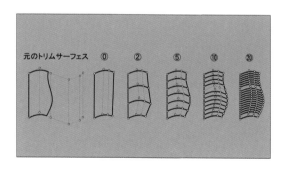

左図はそれぞれ「**スパンあたりの追加ノット**」の個数
が異なるサーフェスです。

「**スパンあたりの追加ノット**」が多いほど、［RefitTrim］
コマンドによって得られるポリサーフェスが元のトリ
ムサーフェスの形状に近づくことが分かります。ま
た、より多くの制御点がサーフェス上に並ぶので、
より細かい編集作業が可能になります。

ShrinkTrimmedSrf との違い

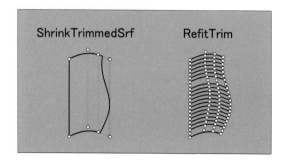

［ShrinkTrimmedSrf］コマンドでも［RefitTrim］
コマンドと同じく、トリムされたサーフェスのエッジ
を整えることができます。
ただし、左図のように、［ShrinkTrimmedSrf］は
新しくできるトリムされていないエッジをトリム境界
線近くまで縮小するだけになります。［RefitTrim］
のようにトリムサーフェスのエッジに沿って制御点
を並ばせることはできません。

5-07 ポリサーフェスの各面に色を付ける

使用ファイル｜5-7_ポリサーフェスの各面に色を付ける.3dm

キー操作 〉 Ctrl+Shift+選択

オブジェクトのエッジや面を選択する

コマンド 〉 RemovePerFaceColor

ポリサーフェスやSubD※の面単位で設定した表示色やレンダリングマテリアルを消去するコマンド
※SubD：126ページ、161ページ参照。

以下の3種類のいずれかの方法でコマンドを実行します。

コマンド	アイコン	メニュー
RemovePerFaceColor		［編集］→［面設定した色を削除］

1
椅子の肘掛けの小口に色を付けていきます。

2
色を変えたい部分を「Ctrl+Shift+選択」で
選択します。

オブジェクトのタイプが「ソリッド ポリサーフェス」になっていることを確認します。

Ctrl+Shift+クリック

--- HINT ---

オブジェクトのタイプを変える

オブジェクトのタイプが「押し出し」だと色の変更ができません。
押し出しをソリッド ポリサーフェスにするには、［ConvertExtrusion］コマンドを実行してください。

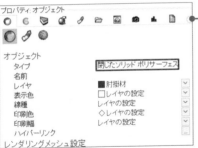

3
表示色を黄色にします。

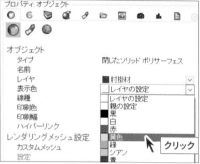

4
同様に他の部材の色の変更も試してくださ
い。

色またはマテリアルが面設定されているサーフェス、ポリサーフェス、SubDを選択 (面設定を削除(R)= **色とマテリアル両方**)

5
次に色を元に戻します。

[RemovePerFaceColor]コマンドを実行
します。
色を元に戻したい部分をクリックします。

6
設定した色が削除されたことを確認してくだ
さい。

5-08 コマンドの復習 ―層ごとに回転する建築―

使用ファイル｜5-8_層ごとに回転する建築.3dm

層ごとに回転する建築のモデリングを通して、これまで学んだコマンドを復習します。

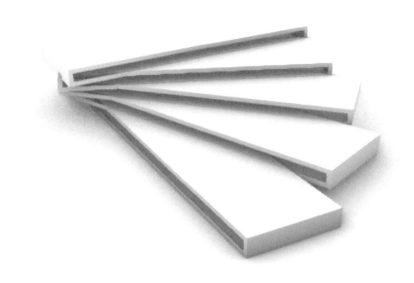

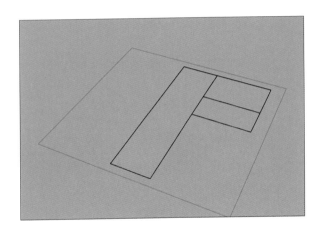

ここでは、上図のような層ごとに回転する建築のモデリングを、敷地境界線に見立てたガイド線（左図）をもとにしてボリュームを作成するところから行っていきます。

サンプルファイルを収めたフォルダ内の「5-8_層ごとに回転する建築.3dm」を開きます。

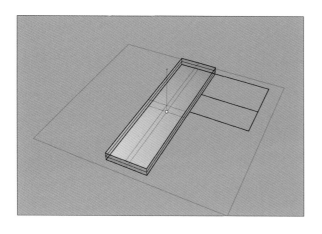

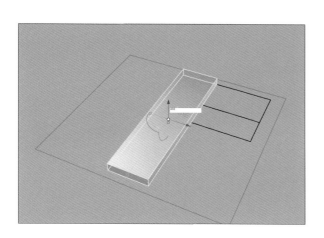

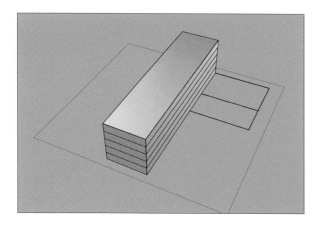

CHAPTER 1
CHAPTER 2
CHAPTER 3
CHAPTER 4
CHAPTER 5
CHAPTER 6
CHAPTER 7
CHAPTER 8
CHAPTER 9
CHAPTER 10

1

建築ボリュームを作成していきます。

左のガイド線を選択して、[ExtrudeCrv] コマンドを実行します。数値入力で、4000mm 立ち上げます。

コマンドラインで [ソリッド (S) ＝はい] になっていることを確認しておきます。

(出力(Q)=*サーフェス* 方向(D) 両方向(B)=*いいえ* ソリッド(S)=*はい* 元のオブジェクトを削除(L)=*いいえ* 境界まで(T) 基点を設定(A)) 4000

作成したオブジェクトを Z軸方向 (正方向) に積み重ねます。

オブジェクトをコピーして、4000mm ずつ Z軸方向に重ねていきます。

[Alt+ガムボールZ軸] で「4000」と入力しても、同様にコピーすることができます。

同様に5つの層を作成します。

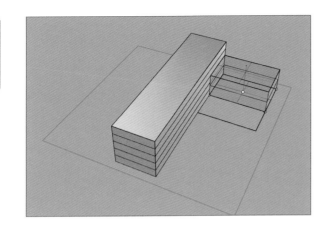

次に、右上のガイド線を選択して、同様に**12000**mm立ち上げます。

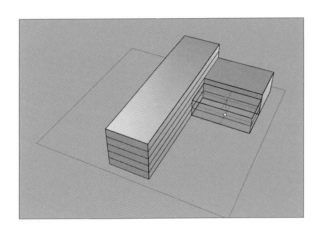

さらに、右下のガイド線も同様に**9000**mm立ち上げます。

オブジェクトの準備ができたら、下図のような手順で進めていきます。

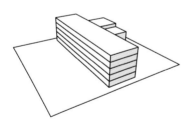

❶ボリュームの立ち上げ（❶で完了）

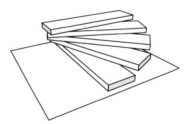

❷各層を回転させる

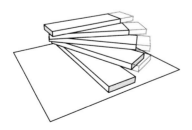

❸各層を敷地に納める

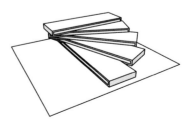

❹開口部とスラブの作成

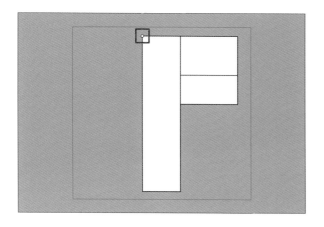

CHAPTER 1
CHAPTER 2
CHAPTER 3
CHAPTER 4
CHAPTER 5
CHAPTER 6
CHAPTER 7
CHAPTER 8
CHAPTER 9
CHAPTER 10

2

作成したオブジェクトを回転させていきます。

[Top]ビューの状態で、[Point]コマンドを
実行して、オブジェクトを回転させるための
基点となる点を左上の角に配置します。

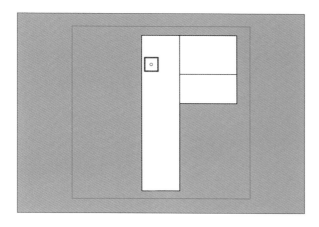

作成した点を[Move]コマンドを実行して、
移動させます。

ここでは、**X軸方向**に**5000**㎜移動させ、**Y
軸方向**に**-15000**㎜移動させておきます。

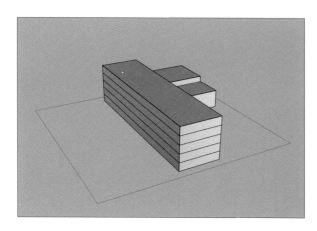

重なっているオブジェクトをそれぞれ回転さ
せます。

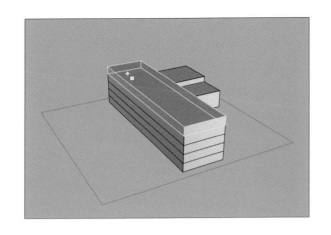

回転させたいオブジェクトを選択して、
[Rotate]コマンドを実行します。

先程作成した点を、回転の中心に選択して、
[Enter]キーを押します。

コマンドラインで[コピー（C）＝いいえ]に
なっていることを確認しておきます。

回転の中心（ コピー(C)=いいえ ）

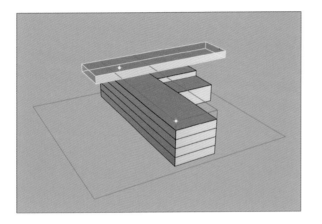

次に、コマンドラインに回転させたい角度を
入力します。

左図のようにするために「90」と入力してく
ださい。

2つ目の参照点（ コピー(C)=いいえ ）90

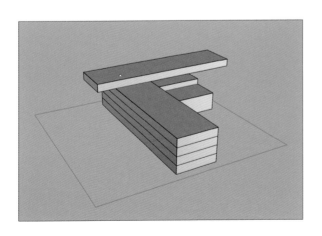

[Enter]キーで完了します。

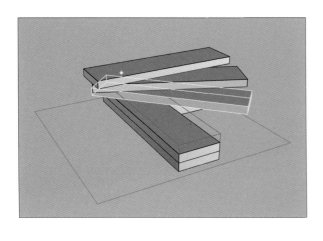

同様に、他のオブジェクトを回転させていきます。

上から**90度**、**67.5度**、**45度**、**22.5度**になるように各層を回転させていきます。

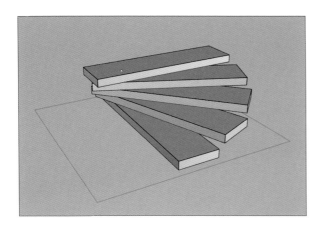

回転が完了しました。[Top] ビューに切り換えて次の作業に移ります。

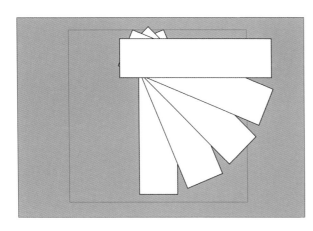

3
回転させたオブジェクトを、敷地境界線に収まるように長辺の長さを調節します。

スケールを変更するオブジェクトを選択。操作を完了するにはEnterを押します

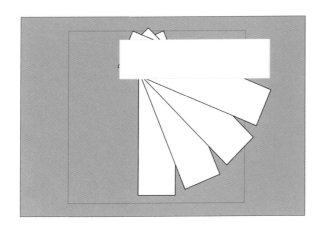

[Scale1D]コマンドを実行します。長さを調節したいオブジェクトを選択して、[Enter]キーを押します。

基点。自動作成の場合はEnterを押します（ コピー(C)=いいえ 元の形状を維持(R)=いいえ ）

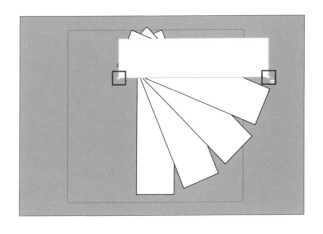

次に、オブジェクトの長さを変えるための基点を選択します。

左図で赤く囲った端点を左から右の順で選択して、[Enter]キーを押します。

スケールまたは1つ目の参照点 <1> (コピー(C)=いいえ 元の形状を維持(R)=いいえ)

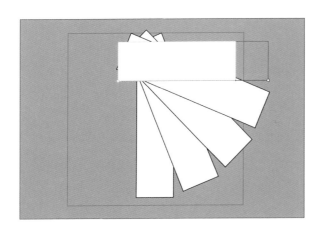

敷地境界線に収まるように長さを調整します。

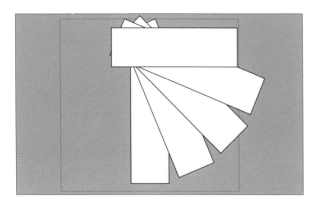

操作を完了します。

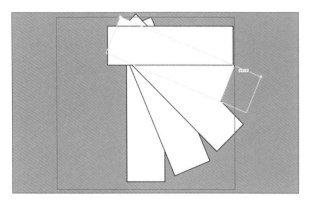

他のオブジェクトも、敷地境界線に収まるように長さを調整します。

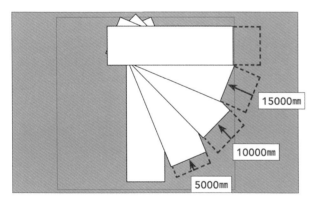

本項では、1階から4階までのオブジェクトが、階を上がるごとに5000mmずつ短くなるように長さを変えています。

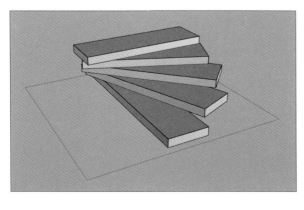

[Perspective]ビューに切り替えて、次の操作に移ります。

CHAPTER 1
CHAPTER 2
CHAPTER 3
CHAPTER 4
CHAPTER 5
CHAPTER 6
CHAPTER 7
CHAPTER 8
CHAPTER 9
CHAPTER 10

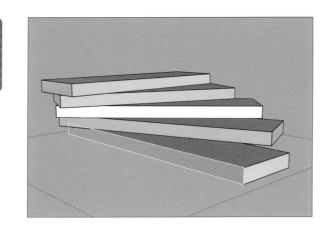

4

それぞれのオブジェクトに開口部を作成します。

[Cplane]コマンドを実行して、コマンドラインの[**オブジェクト（O）**]をクリックします。

開口部を作成したいオブジェクトの面を選択して、その面を作業平面とします。

| すべて(A)=いいえ | 曲線(C) | 高さ(L) | ガムボール(G) | オブジェクト(O) | 回転(R) | サーフェス(S) | 点を通る(T) | ビュー(V) | ワールド(W) | 3点(P) | 元に戻す(U) | やり直し(D) |

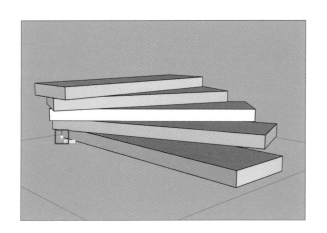

[Rectangle]コマンドを実行して、開口部を設けたい面の外形線を作成します。

左図で囲われている端点を1つ目の基点に選択してください。

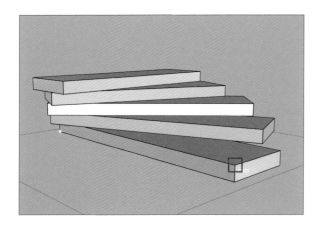

同様に左図の端点を選択して、[Enter]キーを押します。開口部の外形線が作成されます。

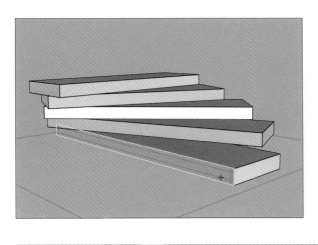

[Offset]コマンドを実行して、開口部の外形線を作成します。

距離を1000mmと入力します。作成される線が内側に来るようにカーソルを移動させて、左クリックします。

オフセットする曲線を選択 (距離(D)= *1000* ルーズ(L)=*いいえ* コーナー(C)=*シャープ* 通過点指定(T) トリム(R)=*はい* 許容差(O)=*0.01* 両方向(B) 作業平面内(

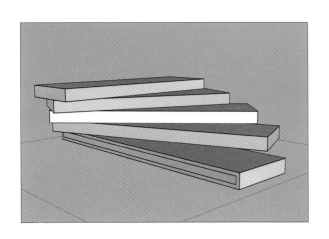

左図のように、開口部の外形線が作成されます。

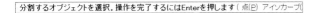

分割するオブジェクトを選択。操作を完了するにはEnterを押します (点(P) アインカーブ(

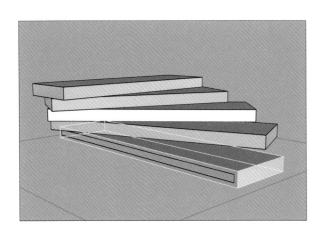

次に、オブジェクトを開口面と建築ボリュームに分割します。

[Split]コマンドを実行します。分割したいオブジェクトを選択して、[Enter]キーを押します。

CHAPTER 1
CHAPTER 2
CHAPTER 3
CHAPTER 4
CHAPTER 5
CHAPTER 6
CHAPTER 7
CHAPTER 8
CHAPTER 9
CHAPTER 10

切断に用いるオブジェクトを選択。操作を完了するにはEnterを押します

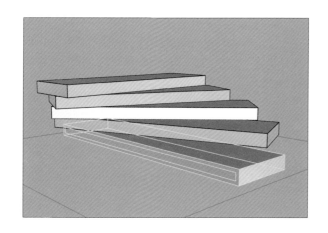

次に、切断に用いるオブジェクトとして、先ほど作成した開口部の外形線を選択します。

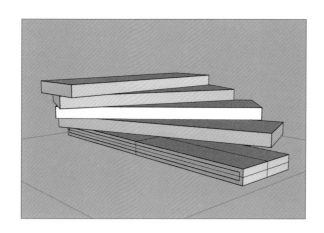

[Enter]キーを実行すると、オブジェクトが分割されます。

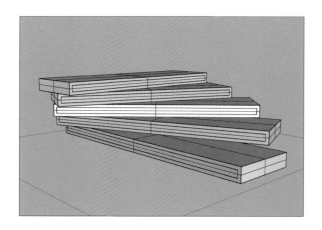

同様の操作を、他のオブジェクトでも行っていきます。

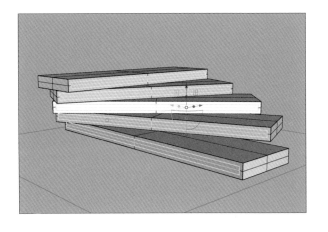

CHAPTER 1
CHAPTER 2
CHAPTER 3
CHAPTER 4
CHAPTER 5
CHAPTER 6
CHAPTER 7
CHAPTER 8
CHAPTER 9
CHAPTER 10

5

4までの手順で作成したモデルの表示を変更します。

開口部の表示色を変更するために、作成した開口部をすべて選択します。

[**レイヤ**]の[**開口部**]を選択して、右クリックします。

表示されたウィンドウ内にある、[**レイヤの変更**]をクリックして、レイヤを変更します。

次に、ポリサーフェスのアイソカーブの表示をなくします。

オブジェクトを全選択して、[**プロパティ**]を開きます。
プロパティウィンドウ内の、[**サーフェスのアイソカーブを表示する**]の枠内にあるチェックマークを外してください。

左図のように表示が変更されます。

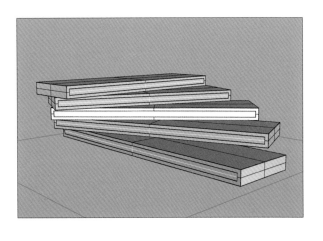

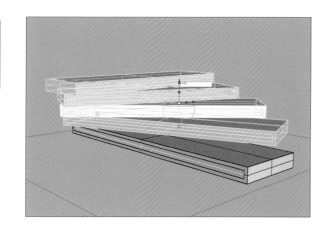

上階の床スラブと下階の天井スラブを一体化させて、1つのスラブとします。

ガムボールを用いて、上階をZ軸方向にスラブ厚さ分の1000㎜ずつ下げます。

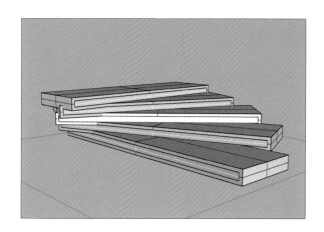

すべての層に対して、同様の操作を行います。

以上で、層ごとに回転する建築のモデリングは完了です。

知っておこう NURBS、Mesh、SubDの互換性

RhinoはNURBS（ナーブズ）の編集を基本としながらも、Mesh、SubDといった他のオブジェクトタイプに対象オブジェクトを変換しながら、それぞれのタイプの特性を利用してモデリングしていきます。
本項では、各オブジェクトタイプの特性を押さえながら、オブジェクトタイプの変更方法を学習していきます。

各オブジェクトの適性

Nurbs　RhinoはNURBSの編集を最も得意とします。曲面形状を含め様々なNURBSを編集するためのコマンドが用意されています。幾何学形状から有機的な形状まで幅広く編集することができます。しかし、曲線を前提としたモデリングのため、有機的な形状の編集は場合によっては操作が多くなります。

Mesh　メッシュ、ポリゴン、ポリゴンメッシュと呼ばれます。
主に別ソフトからオブジェクトをインポートする際や、Grasshpperでの処理などに用いるものです。
ポリゴンメッシュでは正確に曲面を表現することはできませんが、頂点やエッジなどでの操作で大まかなモデリングは可能です。

SubD　SubDはRhino7より導入された新しい概念で、有機的な形状の編集を得意とします。四角形のポリゴン（クアッドメッシュ）によってうまく動作するようになっています。
NURBSやMeshとの互換性がよく、それぞれの得意分野を利用することで基本的な形状から有機的な形状まで幅広く作成することができます。

変換方法

NURBS／Mesh／SubDをそれぞれに変換するコマンドを学びます。

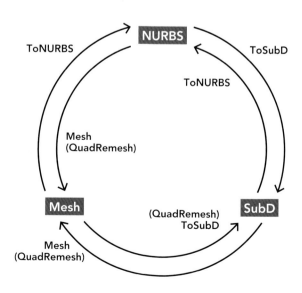

ToSubD

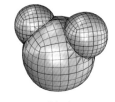

Mesh
NURBS

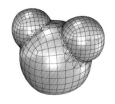

SubD

NURBS、MeshなどのオブジェクトをSubDオブジェクトに変換します。

QuadRemesh

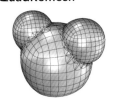

Mesh
SubD

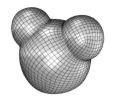

Mesh（Quad Mesh）
SubD（Quad Mesh）

サーフェス、メッシュ、またはSubDから最適化された四角メッシュのみのポリゴンメッシュを素早く作成します。SubDの編集に最適です。

ToNURBS

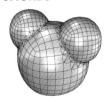

Mesh
SubD

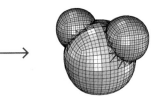

NURBS

Mesh、SubDをNURBSに変換します。

Mesh

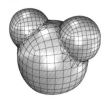

NURBS
SubD

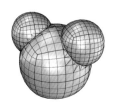

Mesh

NURBS、SubDをMeshに変換します。

本項ではMesh、SubDオブジェクトの操作方法について簡単に説明しました。基本的に建築の3DモデリングをRhinoで行うときに、Mesh、SubDオブジェクトを用いることはあまりありません。これはRhino自体がNURBSの編集を最も得意としているため、ほとんどの作業はNURBSで行うからです。

ただし、外部ソフトからデータを取り込んだりそのデータを編集したりするときには、上記のような変換方法や場合によってはMesh、SubDの編集作業が必要になる場合もあります。各オブジェクトタイプの特徴や基本操作、互換性などの理解は不可欠です。

CHAPTER

6

建築実習

四角い家をつくる
―建築モデリングの練習その1―

本章では、CADで描かれた2D図面をインポートして3Dの建築モデルを立ち上げる方法を学習していきます。さらに、完成したモデルを利用して、図面やダイアグラムを作成するために便利なコマンドを学習していきます。

6-01 CADから2D図面をインポート

コマンド **Import**

別のCADソフトなどで作成した外部データをRhinoに取り込むコマンド

CADデータをRhinoに取り込み、2D図面を基にして3Dモデルを作成する際によく用います。
Rhinoは他のソフトとの互換性が高く、様々な形式のファイルをインポートすることができます。

Rhino 7変換対応データ

Rhino 7は様々なデータ変換に対応しています。以下に示すのはそのうちの一部です。
以下に示すファイル形式はすべて、Rhino上で開く／インポートすること、保存／エクスポートすることのどちらにも対応しています。

名前	ファイル拡張子
Rhino 3Dモデル	.3dm
3D Studio	.3ds
Adobe Illustrator	.ai
AutoCAD Drawing	.dwg
AutoCAD Drawing Exchange	.dxf
OBJ（WaveFront）	.obj
PDF	.pdf
SketchUp	.skp
STL（Stereolithography）	.stl

以下の3種類のいずれかの方法でコマンドを実行します。

コマンド	アイコン	メニュー
Import		［ファイル］→［インポート］

1

Rhinoを起動して、［**ファイル**］→［**新規作成**］を選択します。

2

左図のような画面が表示されるので、「**Large Objects-Millimeters**」を選択して、［**開く**］をクリックします。

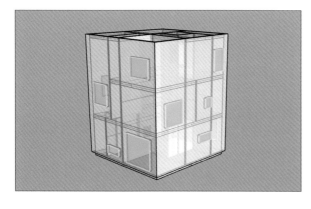

本項の学習による3Dモデル完成形イメージ

本項の建築モデリングの題材は、「梅林の家」（設計：妹島和世建築設計事務所）の意匠を参考にしています。基本的な形状作成の練習のみを目的とするため、厳密な寸法などは実際の建築とは異なります。
なお「梅林の家」は、鋼板の利用を前提とする構造形式とされているため、壁厚などは鉄筋コンクリート造の住宅とはかなり異なるものであることをご了解ください。

CHAPTER 1
CHAPTER 2
CHAPTER 3
CHAPTER 4
CHAPTER 5
CHAPTER 6
CHAPTER 7
CHAPTER 8
CHAPTER 9
CHAPTER 10

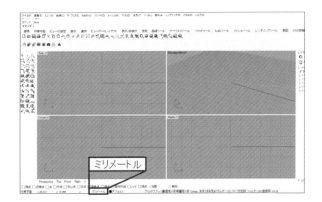

ミリメートル

3

モデル単位が「**ミリメートル**」のファイルが開きます。

このファイルに、CAD図面をインポートしていきます。

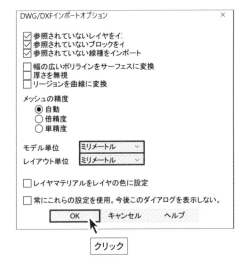

クリック

4

[**Import**]コマンドを実行します。サンプルファイルを収めたフォルダ内の「**6_四角い家2D図面.dwg**」を選択して、[**開く**]をクリックします。

DWG/DXFインポートオプション ×

☑ 参照されていないレイヤをイ:
☑ 参照されていないブロックをイ
☑ 参照されていない線種をインポート

☐ 幅の広いポリラインをサーフェスに変換
☐ 厚さを無視
☐ リージョンを曲線に変換

メッシュの精度
◉ 自動
○ 倍精度
○ 単精度

モデル単位　　ミリメートル　∨
レイアウト単位　ミリメートル　∨

☐ レイヤマテリアルをレイヤの色に設定

☐ 常にこれらの設定を使用。今後このダイアログを表示しない。

OK　　キャンセル　　ヘルプ

クリック

5

DWG／DXFインポートオプションのウィンドウが開くので、モデル単位とレイアウト単位がミリメートルになっているのを確認して[**OK**]をクリックします。

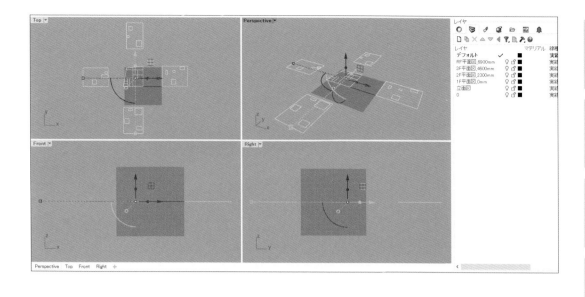

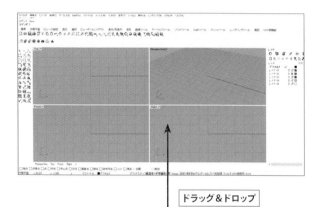

6

上図のように、CADの図面データがRhino
のビューポートに取り込まれたことが確認で
きます。

元のCADのレイヤ設定がインポートされる
ので、新たにレイヤが作成されます。

ドラッグ&ドロップ

--- HINT ---

ドラッグ&ドロップも可

Rhino画面にファイルをドラッグ&ドロッ
プしてインポートすることもできます。

| コマンド | Rotate3D |

Rotate3D

任意に設定した軸を中心にオブジェクトを回転させるコマンド

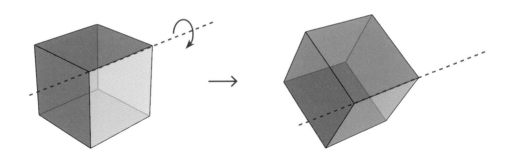

以下の3種類のいずれかの方法でコマンドを実行します。

コマンド	アイコン	メニュー
Rotate3D		［変形］→［3D回転］

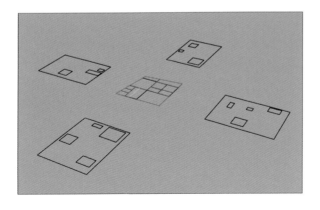

本章の冒頭でインポートした図面の立面図部分をモデル空間上で立ち上げていきます。

回転するオブジェクトを選択:

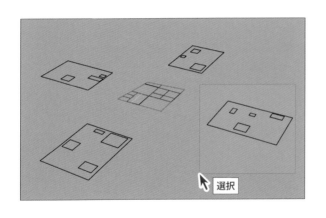

1
［Rotate3D］コマンドを実行すると、「**回転するオブジェクトを選択**」とコマンドラインに表示されます。

立面図一面分を選択して、［Enter］キーまたは右クリックで選択を完了します。

回転軸の始点（サーフェス法線(S)）

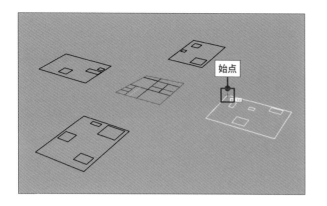

2

「**回転軸の始点**」とコマンドラインに表示されるので、始点をクリックで指定します。

回転軸の終点（サーフェス法線(S)）

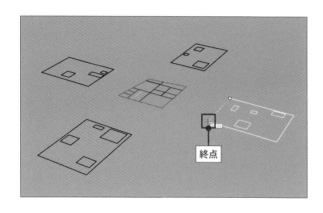

3

「**回転軸の終点**」とコマンドラインに表示されるので、終点をクリックで指定します。

角度または1つ目の参照点（コピー(C)=いいえ）:

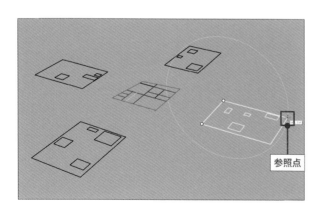

4

「**角度または1つ目の参照点**」とコマンドラインに表示されるので、参照点をクリックで指定します。

CHAPTER 1
CHAPTER 2
CHAPTER 3
CHAPTER 4
CHAPTER 5
CHAPTER 6
CHAPTER 7
CHAPTER 8
CHAPTER 9
CHAPTER 10

2つ目の参照点 (コピー(C)=いいえ):90

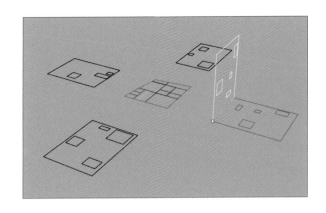

5

「2つ目の参照点」とコマンドラインに表示されます。

ここで数値を入力すると、回転の角度を指定することができます。

「90」と入力して[Enter]キーを押すと、立面図が垂直に立ち上がります。

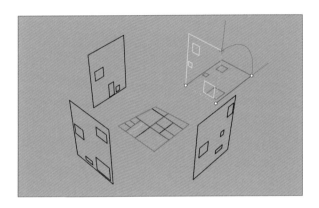

6

他の方位の立面図も同様の手順で立ち上げます。

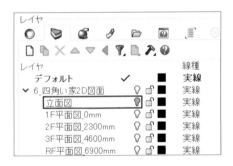

7

すべての立面図の立ち上げが完了したら、次の作業のしやすさのために[レイヤ]>[立面図]の表示をオフにします。

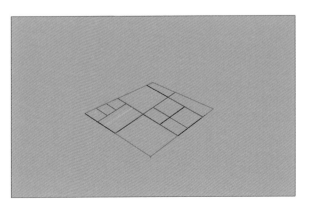

知っておこう データを読み込む4種類の方法

本項ではdwgファイルを［Import］コマンドで読み込みましたが、Rhinoデータに互換性のあるファイルを読み込むには全部で4種類の方法があります。それぞれ性質や使い方が異なるので、状況に応じて使い分けると効率的に作業を行うことができます。

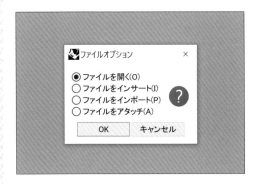

Rhinoデータに互換性のあるファイルをドラッグ＆ドロップすると左図のようなファイルオプションを設定するウィンドウが表示されます。
ファイルを
❶開く（Open）
❷インサート（Insert）
❸インポート（Import）
❹アタッチ（Attatch）
と、4種類が表示されるので、適切なものを選択します。

❶Open［ファイル＞開く］
Rhinoデータに互換性のあるファイルを開きます。

インサートの際に表示されるポップアップウィンドウ

❷Insert［ファイル＞インサート］
ファイル内のブロックを読み込みます。ブロックの扱いはCHAPTER 10-04（313ページ）を参照してください。他のファイルで作成したモデルをブロックとして読み込む際に非常に便利です。同じモデルを多数配置する場合は、ブロックを用いるとデータを軽くすることができます。しかし、ブロックではないファイルをインサートするとブロックとして読み込まれてしまい、編集がしにくくなるので注意が必要です。

❸Import［ファイル＞インポート］
現在開いているファイルに対して、Rhinoデータに互換性のあるデータを読み込みます。既存のデータに合わせて、読み込まれたデータが追加されます。本章のように追加で図面を読み込みたいときなどに使用します。

❹Attatch［ファイル＞ワークセッション＞アタッチ］
複数人で作業を行う大規模プロジェクトで使用されます。アタッチしたモデルはレイヤに表示されます。モデルとしても表示されますが、編集をすることはできません。アタッチする元のファイルとのリンク（関係性）をWorksessionファイル（.rws）として保存すると、アタッチする元のファイルの変更に応じてモデルも更新されます。

アタッチしたモデルも表示される（一切編集はできない）

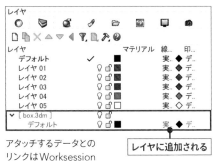

アタッチするデータとのリンクはWorksessionフォルダで保存可能

レイヤに追加される

6-02 内壁を作成

使用ファイル | 6_四角い家.3dm

コマンド **ExtrudeCrv**

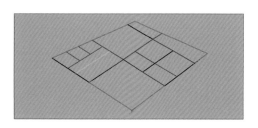

1

サンプルファイルを収めたフォルダ内の「6_四角い家.3dm」を開きます。

厚みのない四角い家のモデリングを行っていきます。
各階の平面図を適切な高さに移動させます。

2

サンプルファイルの平面図は階ごとにレイヤ分けされています。

レイヤの中に入っているオブジェクトをすべて選択するには、レイヤの上で右クリックをして[**オブジェクトを選択**]をクリックします。

それぞれのレイヤから平面図を選択して、
2F平面図は**2300**mm、3F平面図は**4600**mm、
RF平面図は**6900**mmの高さ（Z方向）に移動させます。

3

新しくレイヤを作成します。レイヤ名を「**内壁**」にします。作成した[**内壁**]レイヤをアクティブにして、新たに作成するオブジェクトが自動的に入るようにします。

4

赤色の曲線を、左クリックで選択します。
複数選択をする場合は、[Shift]キーを押しながらクリックします。
複数選択した中から、選択を解除するには、[Ctrl]キーを押しながらクリックします。

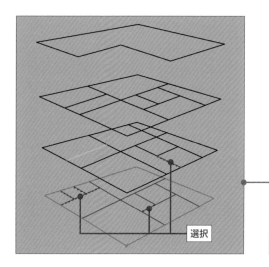

選択

--- HINT ---
同じ色のオブジェクトの選択

[**SelColor**]コマンドを使うと、選択したオブジェクトと同じ色のオブジェクトを一度に選択することができます。

5

[ExtrudeCrv]コマンドを実行します。
コマンドラインに「ExtrudeCrv」と入力するか、[**サーフェス**]→[**曲線を押し出し**]→[**直線**]をクリックします。

6

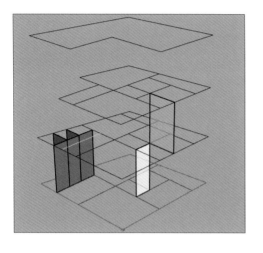

コマンドオプションで
[**両方向（B）＝いいえ**]
[**ソリッド（S）＝はい**]
[**元のオブジェクトを削除（L）＝いいえ**]
に設定します。コマンドラインの押し出し距離に「**2300**」と入力して、[**Enter**]キーを押します。

押し出し距離 <2300> (出力(O)=*サーフェス* 方向(D) 両方向(B)=*いいえ* ソリッド(S)=*はい* 元のオブジェクトを削除(L)=*いいえ* 境界

7

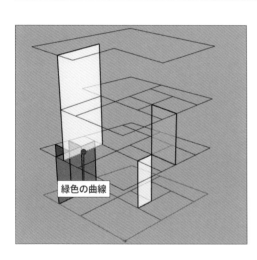

緑色の曲線

同様に、緑色の曲線を選択します。[ExtrudeCrv]コマンドを実行して、**4600**㎜立ち上げます。

8

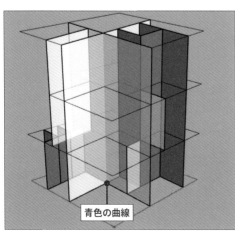

青色の曲線

同様に、青色の曲線を選択します。[ExtrudeCrv]コマンドを実行して、**6900**㎜立ち上げます。以上で、内壁の作成は完了です。

CHAPTER 1
CHAPTER 2
CHAPTER 3
CHAPTER 4
CHAPTER 5
CHAPTER 6
CHAPTER 7
CHAPTER 8
CHAPTER 9
CHAPTER 10

6-03 床を作成

使用ファイル｜6_四角い家.3dm

コマンド PlanarSrf

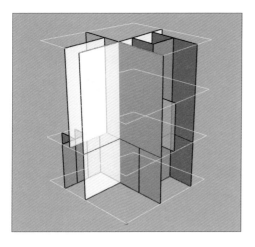

1

新しくレイヤを作成して、レイヤ名を「**床スラブ**」にします。
[**床スラブ**]レイヤをアクティブにします。

1階床、2階床、3階床、屋上の外形線を選択します。
複数選択をする場合は、[Shift]キーを押しながらクリックします。
複数選択した中から、選択を解除するには、[Ctrl]キーを押しながらクリックします。

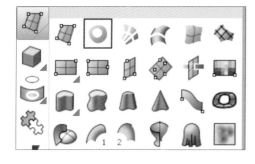

2

コマンドラインに「PlanarSrf」と入力するか、ツールバーから左図のアイコンを選択します。

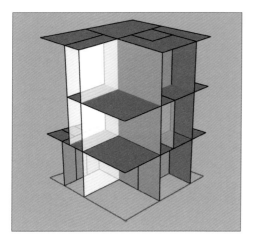

3

床が出来上がります。

※ [ExtrudeSrf]コマンドを実行して、出来上がった面に厚みを与えることも可能です。

CHAPTER 1
CHAPTER 2
CHAPTER 3
CHAPTER 4
CHAPTER 5
CHAPTER 6
CHAPTER 7
CHAPTER 8
CHAPTER 9
CHAPTER 10

6-04 外壁を作成

使用ファイル | 6_四角い家.3dm

コマンド **ExtrudeCrv**

立面図	♀ 🔓 ■	実線
内壁	♀ 🔓 ■	実線
床スラブ	♀ 🔓 ■	実線
外壁	✓ ■ ○	実線

1
新しくレイヤを作成して、レイヤ名を「**外壁**」にします。[**外壁**]レイヤをアクティブにします。

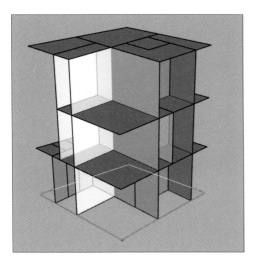

2
一番下の床の曲線を選択します。
コマンドラインに「**ExtrudeCrv**」と入力するか、[**サーフェス**]→[**曲線を押し出し**]→[**直線**]をクリックします。

3
コマンドオプションで
[**両方向（B）＝いいえ**]
[**ソリッド（S）＝いいえ**]
[**元のオブジェクトを削除（L）＝いいえ**]
に設定します。コマンドラインの押し出し距離に「**6900**」と入力して、[**Enter**]キーを押します。

押し出し距離 <6900> (出力(O)= サーフェス 方向(D) 両方向(B)= いいえ ソリッド(S)= いいえ 元のオブジェクトを削除(L)= いいえ 境界まで(T) 基点を設定(A))

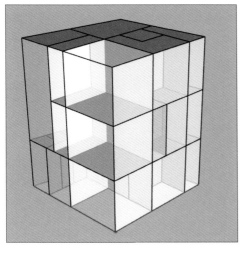

4
外壁が立ち上がります。

5
面に表示されるアイソカーブのラインが邪魔な場合は、オブジェクトを選択して、プロパティパネルの[**アイソカーブの密度**]の項目の表示のチェックを外します。

6-05 壁面に開口部を作成

使用ファイル | 6_四角い家.3dm

コマンド > Join, Explode, Split

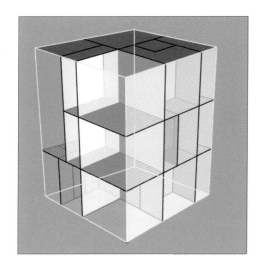

1

分解コマンドを利用して壁面に開口部を作成します。

4つの外壁それぞれに開口部を作成していくので、1つのオブジェクトになっている外壁を4つのサーフェスに分解します。

 クリック

外壁のポリサーフェスを選択して、コマンドラインに「Explode」と入力するか、上図のアイコンをクリックします。外壁が分解されて、4つのサーフェスになります。

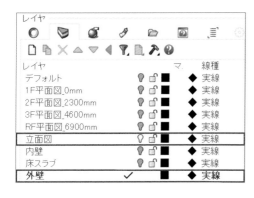

2

前処理として、[立面図]レイヤと[外壁]レイヤのみを表示します。それ以外のレイヤの表示はオフにして、非表示にします。

分割するオブジェクトを選択（ 点(P) アイソカーブ(I) エッジループ(E) ）

 クリック

3

分割コマンドを実行します。コマンドラインに「Split」と入力するか、上図のアイコンをクリックします。

[**分割するオブジェクトを選択**]とコマンドラインに表示されます。分割したいサーフェスを選択して、[Enter]キーを押します。

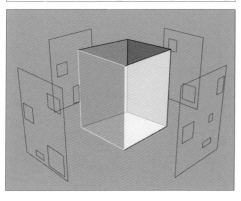

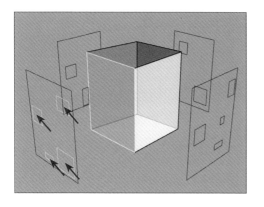

切断に用いるオブジェクトを選択 (アインカーブ(I) 縮小(S)=いいえ

4

[**切断に用いるオブジェクトを選択**]とコマンドラインに
表示されます。切断に用いるオブジェクトは、ここでは
窓を選択します。

このコマンドの実行中は、連続してクリックすることで
複数オブジェクトの選択が可能です。
4つの窓を選択したら、[Enter]キーを押します。

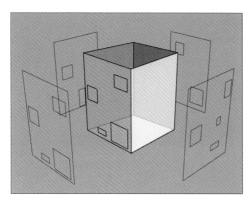

5

外壁が分割されます。

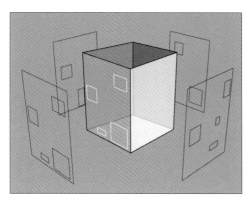

6

削除したい開口部のオブジェクトを選択して、[Delete]
キーで削除します。

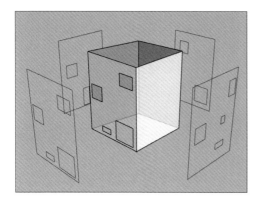

7

同様の操作を他の3面でも繰り返します。

※モデルを表示中のビューを回転させるには、右クリッ
　クでドラッグします。ビューの移動には、[Shift]キー
　を押しながらか、あるいは右クリックでドラッグします。

CHAPTER 1
CHAPTER 2
CHAPTER 3
CHAPTER 4
CHAPTER 5
CHAPTER 6
CHAPTER 7
CHAPTER 8
CHAPTER 9
CHAPTER 10

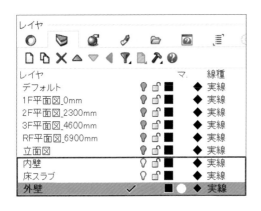

8

[内壁]レイヤ
[床スラブ]レイヤ
[外壁]レイヤ
の表示をオンにしておきます。

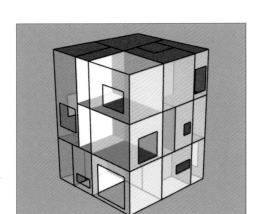

9

操作を終えると左図のようになります。

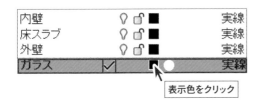

表示色をクリック

10

最後に、窓を作成していきます。

新しく[ガラス]レイヤを作成して、アクティブにしておきます。

表示色の四角い枠をクリックします。

11

レイヤの色の選択画面が表示されるので、カスタムカラーリストから[シアン]を選択して、[OK]を押します。

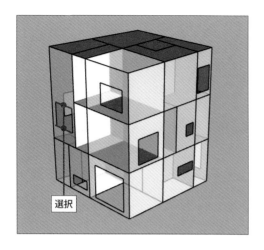

12

窓ガラスを作成していきます。

[**EdgeSrf**]コマンドを実行します。開口部の向かい合う2つのエッジを選択して、[**Enter**]キーを押します。

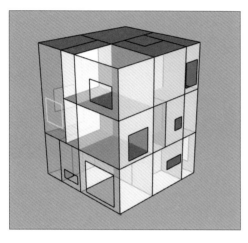

13

窓が作成されます。

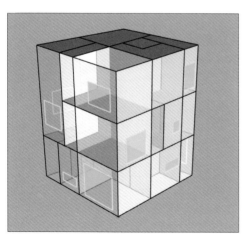

14

同様にすべての窓を作成します。

以上で、四角い家のモデリングは完了です。

CHAPTER 1
CHAPTER 2
CHAPTER 3
CHAPTER 4
CHAPTER 5
CHAPTER 6
CHAPTER 7
CHAPTER 8
CHAPTER 9
CHAPTER 10

6-06 切断面を表示

使用ファイル｜6_四角い家_完成形.3dm

コマンド > **ClippingPlane**

オブジェクトの表示を切り取る平面（クリッピング平面）を作成するコマンド

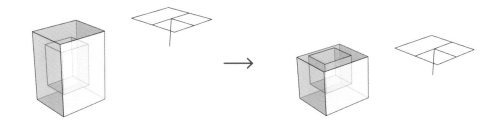

以下の3種類のいずれかの方法でコマンドを実行します。

コマンド	アイコン	メニュー
ClippingPlane		［ビュー］→［クリッピング平面］

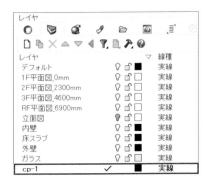

1

ここまでに作成したファイルか「6_四角い家_完成形.3dm」を使います。

他のオブジェクトと、作成する切断平面との区別がしやすいように、新規レイヤ「cp-1」を作成して、アクティブにしておきます。

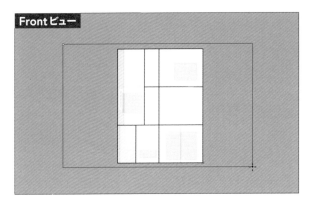

Front ビュー

2

切断平面（クリッピング平面）を作成することで3Dモデルを任意の平面で切断すれば、モデルの内部をビューポート上で確認することができます。

［ClippingPlane］コマンドを実行して、任意の2点から切断平面を作成します。

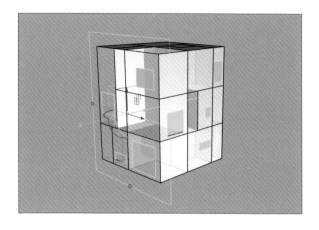

3
切断平面が作成されたらガムボールをオンにして切断平面を選択します。作成した切断平面が移動できるようになります。

[ClippingPlane]コマンドの有効／無効は左図に示すアイコンをクリックすることによって変更可能です。

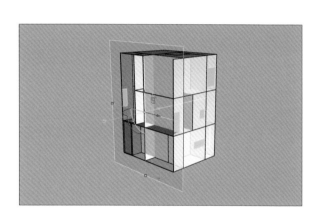

切断平面とオブジェクトが交差する部分でオブジェクトが切断されて、内部が表示されます。
作成した切断平面を移動すると、切断位置も移動に合わせて変化します。

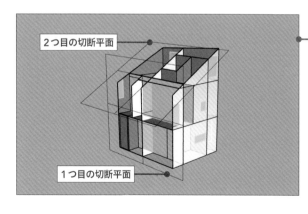

2つ目の切断平面

1つ目の切断平面

HINT
様々に選択できる切断平面

切断平面は斜めでも機能します。
また、複数の切断平面を同時に使用することもできます。

応用してみる

任意の断面図を作成

実際に図面を作成する際に、デフォルトの作業平面に直交していない図面を出力したい場面が多くあります。
[ClippingPlane]コマンドと併せて、作業平面の向きを設定する[Cplane]コマンドを用いることで任意の方向
からの断面図や立面図を作成することができます。

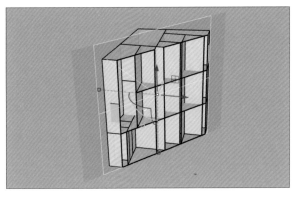

1

四角い家のモデルを用い、左図のような面
における断面図を出力します。

まず[ClippingPlane]コマンドを実行して、
切断平面を作成します。

続いて、[Perspective]ビュー以外のいず
れかのビューで、[Cplane]コマンドを実行
します。オプションから[**オブジェクト(O)**]
を選んで、作成した切断平面を作業平面に
設定します。

コマンド: CPlane
作業平面の原点 <0.000,0.000,0.000> (すべて(A)=いいえ 曲線(C) 高さ(L) ガムボール(G) [オブジェクト(O)] 回転(R) サーフェス(S) 点

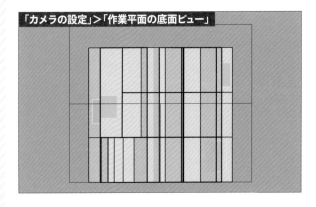

「カメラの設定」>「作業平面の底面ビュー」

2

切断平面を作業平面に設定したビュー上で、
ビューポートタイトルを右クリックします。「**カ
メラの設定**」>「**作業平面の底面ビュー**」に
設定して、断面が正面から見えるよう視点
を変更します。

うまく断面が見えない場合は、作業平面の
方向が反転している可能性があります。「**カ
メラの設定**」>「**作業平面の正面ビュー**」に
設定して確認をして下さい。

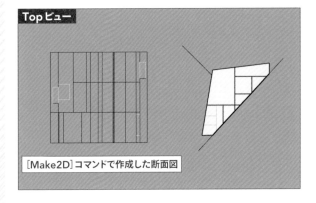

Topビュー

[Make2D]コマンドで作成した断面図

3

[Make2D]コマンドを使って断面図を作成
します。[Top]ビューで確認すると左図のよ
うになります。

また、作業後はビューの設定を元に戻す必
要があります。[Cplane]コマンドを実行し
ます。オプションから「**ワールド**」>「**Top**」を選
んで、作業平面を元に戻します。あるいは、
ビューポートタイトルを右クリックして、「**ビュー
の設定**」から元のビューを選択してください。

6-07 四角い家に厚みをつける

使用ファイル | 6_四角い家_完成形.3dm

コマンド 〉 **OffsetSrf**

元のサーフェスから指定距離にサーフェスを複製するコマンド

以下の3種類のいずれかの方法でコマンドを実行します。

コマンド	アイコン	メニュー
OffsetSrf		[サーフェス]→[オフセット]

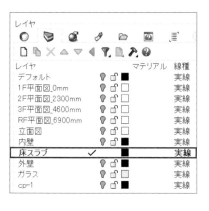

1
四角い家に厚みを与えていきます。

まず、床スラブに厚みを与えます。
レイヤパネルで、[**床スラブ**]レイヤのみを表示してアクティブにします。

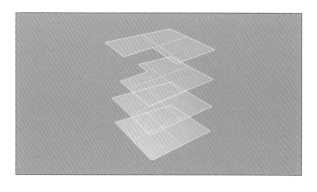

2
[ExtrudeSrf]コマンドを実行して、[**床スラブ**]レイヤのオブジェクトをすべて選択します。

183

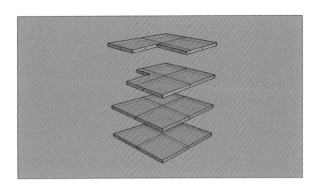

コマンドラインに「-200」と入力して、[Enter]キーを押します。フロアレベルから-Z方向に200mm厚の床スラブが作成されます。

押し出し距離 <-200> 出力(Q)=**サーフェス** 方向(D) 両方向(B)=**いいえ** ソリッド(S)=**はい** 元のオブジェクトを削除(L)=**はい** 境界まで(I) 基点を設定(A)) -200

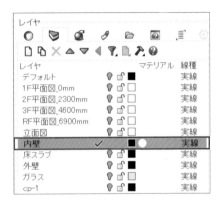

3
次に、内壁のサーフェスに厚みを与えていきます。
レイヤパネルで、[内壁]レイヤのみを表示して、アクティブにします。

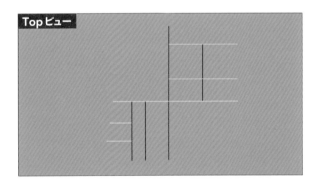

Topビュー

[Top]ビューに切り替えます。

すべての内壁に一括で厚みを与えようとしても、方向の設定ができません。

X軸に平行な内壁とY軸に平行な内壁に分けて、それぞれ厚みを与えていきます。

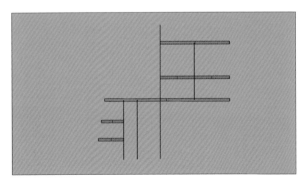

まず、X軸に平行な1〜3階の内壁をすべて選択します。[ExtrudeSrf]コマンドを実行して、100mm押し出します。

オプションメニューの[両方向(B)=はい]とすると、サーフェスを芯とした内壁のポリサーフェスが作成されます。
押し出し距離を50mmにすると厚さ100mmの内壁ができます。

押し出し距離 <50> (出力(Q)=**サーフェス** 方向(D) 両方向(B)=**はい** ソリッド(S)=**はい** 元のオブジェクトを削除(L)=**はい** 境界まで(I) 基点を設定(A)) 50

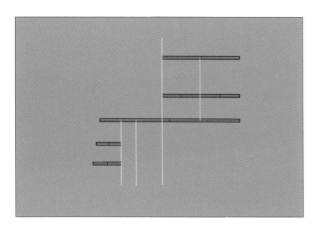

4
同様の操作を、Y軸に平行になっている内
壁にも行います。

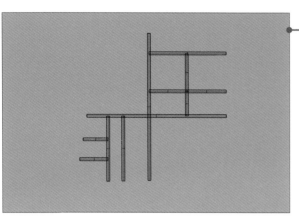

─── **HINT** ───

押し出す方向のコントロール

［ExtrudeCrv］コマンドや［ExtrudeSrf］
コマンドでオブジェクトを押し出す際に、期
待する法線方向に押し出しされない場合が
あります。
その場合は、［押し出し距離］を入力する際
に［**方向（D）**］をクリックします。そして、方
向の基点と2点目を指定することで、押し
出す方向を任意に変更することが可能です。

内壁に厚みが与えられました。

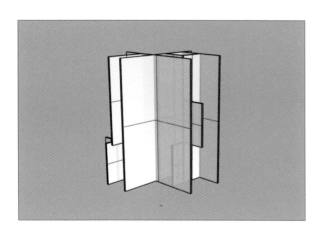

CHAPTER 1
CHAPTER 2
CHAPTER 3
CHAPTER 4
CHAPTER 5
CHAPTER 6
CHAPTER 7
CHAPTER 8
CHAPTER 9
CHAPTER 10

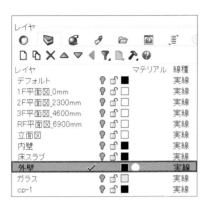

5

次に、外壁に厚みを与えていきます。

レイヤパネルで、[外壁]レイヤのみを表示して、アクティブにします。

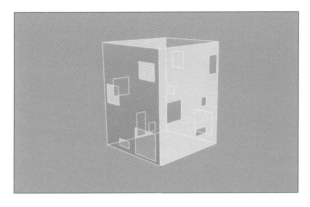

6

[Join]コマンドを実行して、4つのサーフェスからなる外壁を1つのポリサーフェスにします。

7

[OffsetSrf]を実行します。外壁オブジェクトをすべて選択して、[Enter]キーを押します。

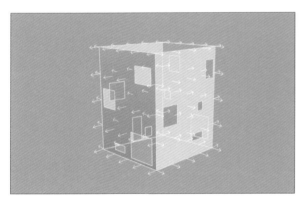

オフセットする方向に矢印がプレビューされます。ここで、矢印が外側を向いていることを確認します。内側を向いている場合、[すべて反転]をクリックします。

「ソリッド(S)=はい」に設定します。

オフセットの距離は「150」と入力して、[Enter]キーを押します。

方向を反転するオブジェクトを選択。操作を完了するにはEnterを押します（ 距離(D)=*150* コーナー(C)=*シャープ* ソリッド(S)=*はい* ルーズ(L)=*いいえ* 許容差(T)=*0.001*

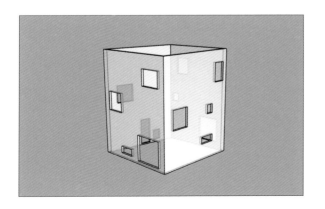

外壁に厚みが与えられました。

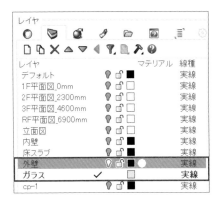

8

最後に、ガラスに厚みを与えていきます。

レイヤパネルで、[**外壁**]レイヤと[**ガラス**]レイヤのみを表示します。このうち、[**ガラス**]レイヤをアクティブにします。

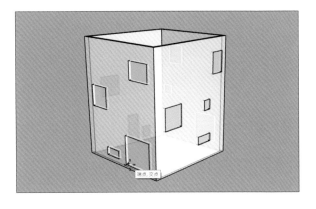

9

まず、[Move]コマンドを実行して、各面のガラスを外壁に沿うように移動します。

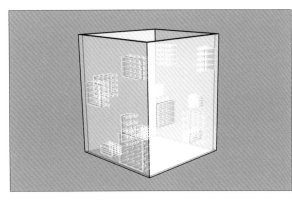

10

すべての面のガラスを移動したら、[Offset Srf]コマンドを実行します。ガラスをすべて選択して、[Enter]キーを押します。

矢印の方向が内側を向いていることを確認します。「**ソリッド(S)＝はい**」、オフセットの距離は「**5**」と入力して、[Enter]キーを押します。

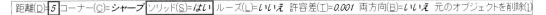

距離(D)=*5* コーナー(C)=**シャープ** ソリッド(S)=**はい** ルーズ(L)=*いいえ* 許容差(T)=*0.001* 両方向(B)=*いいえ* 元のオブジェクトを削除(I)

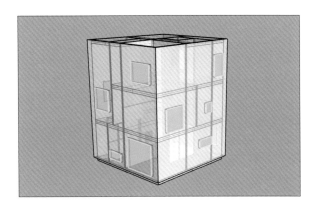

それぞれのレイヤ表示をオンにします。
以上で、四角い家に厚みを与える作業は完了しました。

CHAPTER 1
CHAPTER 2
CHAPTER 3
CHAPTER 4
CHAPTER 5
CHAPTER 6
CHAPTER 7
CHAPTER 8
CHAPTER 9
CHAPTER 10

6-08 厚みのある壁を結合

使用ファイル | 6_四角い家_完成形.3dm

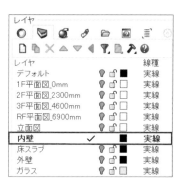

1

厚みのある壁を結合していきます。

まず、レイヤパネルで、[**内壁**]レイヤのみを表示して、アクティブにします。

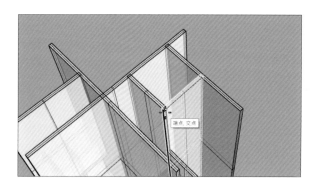

2

[Scale1D]コマンドを用いて、左図に示すような壁が交差する部分を整えていきます。

角がずれてしまっているので、片方の壁をもう一方の壁の端まで引き伸ばします。

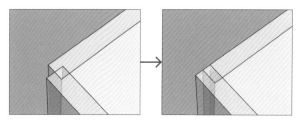

和の演算を行うサーフェスまたはポリサーフェスを選択:

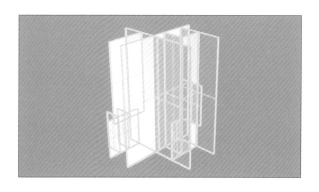

3

[BooleanUnion]コマンドを実行します。

「**和の演算を行うサーフェスまたはポリサーフェスを選択**」とコマンドラインに表示されるので、すべての内壁を選択して、[Enter]キーを押します。

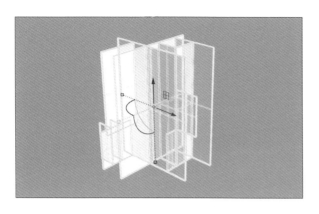

4

内壁が結合されて、1つのポリサーフェスに
なりました。

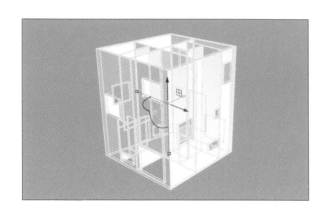

5

次に、内壁と外壁を結合していきます。レイ
ヤパネルで、[**外壁**]レイヤを表示して、アク
ティブにします。

レイヤ			線種
デフォルト	💡 🔓 ■		実線
1F平面図_0mm	💡 🔓 □		実線
2F平面図_2300mm	💡 🔓 □		実線
3F平面図_4600mm	💡 🔓 □		実線
RF平面図_6900mm	💡 🔓 □		実線
立面図	💡 🔓 □		実線
内壁	💡 🔓 ■		実線
床スラブ	💡 🔓 ■		実線
外壁	✓ ■		**実線**
ガラス	💡 🔓 □		実線

和の演算を行うサーフェスまたはポリサーフェスを選択:

6

[BooleanUnion]コマンドを実行します。

「**和の演算を行うサーフェスまたはポリサー
フェスを選択**」とコマンドラインに表示され
るので、外壁と内壁を選択して、[**Enter**]
キーを押します。

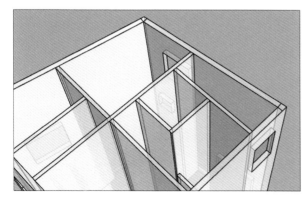

7

次に、モデル作成の際にできた、同一平面
上の構成面を1つに結合していきます。

CHAPTER 1
CHAPTER 2
CHAPTER 3
CHAPTER 4
CHAPTER 5
CHAPTER 6
CHAPTER 7
CHAPTER 8
CHAPTER 9
CHAPTER 10

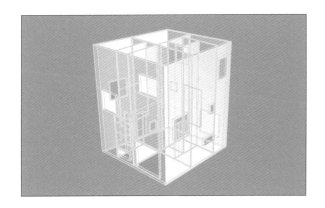

8

[MergeAllCoplanarFaces]コマンドを実行します。

「メッシュ、ポリサーフェス、またはSubDを選択」とコマンドラインに表示されるので、1つに結合した壁を選択して、[Enter]キーを押します。

9

サーフェスが結合されて、余分な線が取り除かれたことが分かります。

以上で、厚みのある壁の結合は完了です。

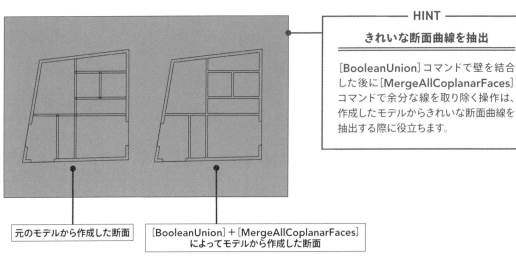

─ HINT ─

きれいな断面曲線を抽出

[BooleanUnion]コマンドで壁を結合した後に[MergeAllCoplanarFaces]コマンドで余分な線を取り除く操作は、作成したモデルからきれいな断面曲線を抽出する際に役立ちます。

元のモデルから作成した断面

[BooleanUnion]＋[MergeAllCoplanarFaces]によってモデルから作成した断面

実践的なオブジェクトをつくる
― 建築モデリングの練習その2 ―

本章では、8つのモデルの作成を通して、新たなコマンド
を学習していきます。本章の新たなコマンドを理解すること
で、モデリングの作業効率がさらに上がります。

7-01 ルーバーが覆うファサード

使用ファイル | 7-1_ルーバーが覆うファサード.3dm

本項では、ルーバーが覆うファサードを作成します。サーフェスから外形線を抽出して、その外形線を基に新たな形状を作成する方法を学んでいきます。

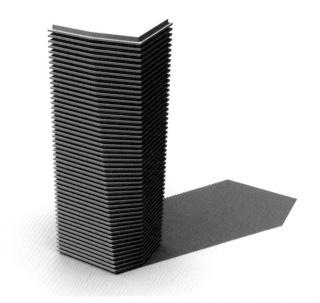

本項の建築モデリングの題材は、「PIAS GINZA」（設計：久米設計）の意匠を参考にしています。基本的な形状作成の練習のみを目的とするため、寸法などは実際の建築とは異なります。

コマンド Contour

サーフェスから外形線を抽出するコマンド

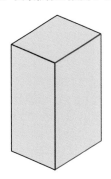 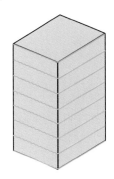 

以下の3種類のいずれかの方法でコマンドを実行します。

コマンド	アイコン	メニュー
Contour		**[曲線]→[オブジェクトから曲線を作成]→[外形線]**

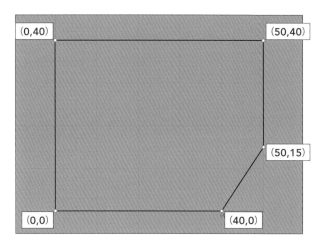

CHAPTER 1
CHAPTER 2
CHAPTER 3
CHAPTER 4
CHAPTER 5
CHAPTER 6
CHAPTER 7
CHAPTER 8
CHAPTER 9
CHAPTER 10

1
初めに、サンプルファイルを収めたフォルダ内の「**7-1_ルーバーが覆うファサード**.3dm」を開きます。

2
ベースとなる五角形を作成します。

[**Polyline**]コマンドを実行します。
（0,0）、（40,0）、（50,15）、（50,40）、（0,40）と順に座標を入力して、曲線を閉じます。

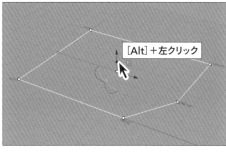

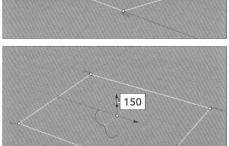

3
作成した五角形をZ軸方向にコピー移動します。

曲線を選択して、[**Alt**]キーを押しながら**Z軸方向**のガムボールの矢印を左クリックします。

「150」と入力して、[**Enter**]キーまたは右クリックで実行すると、コピー移動が完了します。

選択して制御点を表示

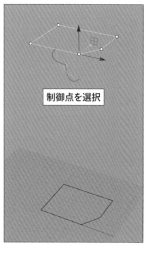

制御点を選択

4
コピーした曲線の制御点を移動して、形状を修正していきます。

曲線を選択すると制御点が表示されるので、この状態で[**Ctrl+Shift**]キーを押しながらクリックして、左図のように制御点の1つを選択します。

※[**PointsOn**]コマンドまたは[**F10**]キーで制御点を表示することもできます。

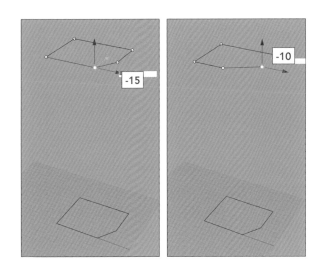

5
左図の2つの制御点を、それぞれガムボールを用いて、**X軸方向**に「**-15**」、**Y軸方向**に「**-10**」移動します。

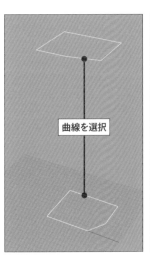

曲線を選択

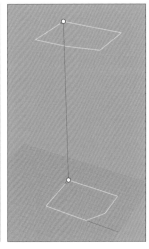

6
壁を立ち上げていきます。

[**Loft**]コマンドを実行します。ロフトする曲線を選択して、[**Enter**]キーを押します。

次にシーム点をドラッグによって調整して、[**Enter**]キーを押します。

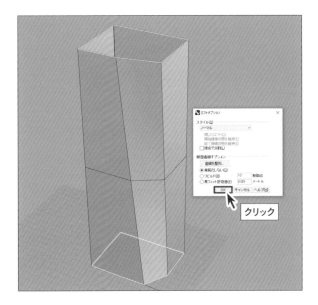

クリック

ロフトのオプションパネルとプレビューが表示されます。問題がなければ[**OK**]をクリックします。

これで壁が立ち上がります。

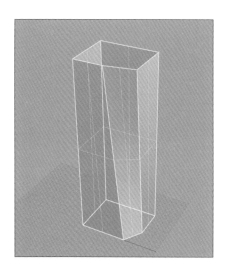

7

作成したポリサーフェスをオフセットします。

[**OffsetSrf**]コマンドを実行します。ポリサーフェスを選択して、[Enter]キーを押します。

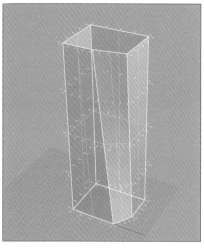

オフセットする方向に矢印が表示されるので、外側を向いていることを確認します。
内側を向いている場合、[**すべて反転(E)**]をクリックします。

「**ソリッド(S) =いいえ**]に、[**許容差(I) =0.1**]にしておきます。

オフセットの距離を「**2**」と入力して、[Enter]キーを押します。

方向を反転するオブジェクトを選択. 操作を完了するにはEnterを押します (距離(D)=2 コーナー(C)=シャープ ソリッド(S)=いいえ 許容差(I)=0.1 両方向(B)=いいえ すべて反転(E))

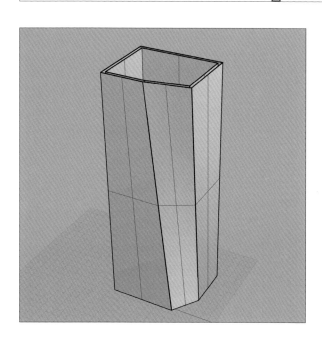

ポリサーフェスのオフセットが完了します。

CHAPTER 1
CHAPTER 2
CHAPTER 3
CHAPTER 4
CHAPTER 5
CHAPTER 6
CHAPTER 7
CHAPTER 8
CHAPTER 9
CHAPTER 10

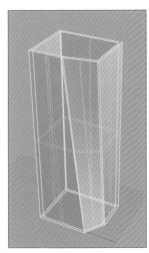

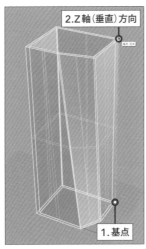

2.Z軸（垂直）方向

1.基点

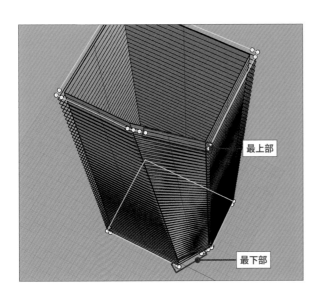

間隔3m

8

作成した2つのポリサーフェスから外形線を
抽出します。

[Contour]コマンドを実行します。

2つのポリサーフェスを選択して、[Enter]
キーを押します。

次に基点と、ルーバーを並べたい方向（ここ
ではZ軸方向）をモデルに合わせて指定しま
す。

外形線間の距離を「3」と入力します。
このときに[**曲線を結合（J）＝ポリサーフェス
基準**]にしておきます。

[Enter]キーを押すと、左図のように等間隔
でオブジェクトの外形線が抽出されます。

作業しやすくするため、外側のポリサーフェ
スを削除します。また、内側のポリサーフェ
スと外形線のレイヤを分けておきます。

外形点または外形線間の距離 〈1.000〉（作成先レイヤ(A)=*現在のレイヤ* 曲線を結合(J)=*ポリサーフェス基準* 同じ外形面のオブジェクトをグループ化(G)=*いいえ* ③

最上部

最下部

外形線を見ると、左図のように、最上部と
最下部ではポリラインが閉じていないことが
分かります。

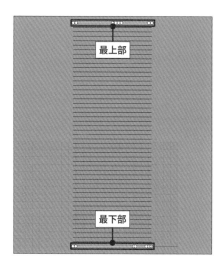

ここでは、最上部と最下部のルーバーは不要なものとして扱い、[Delete]キーで外形線を削除します。

※最上部と最下部に閉じたポリラインを作成したい場合は、[Contour]コマンドの外形線の間隔を調整することで対応できます。

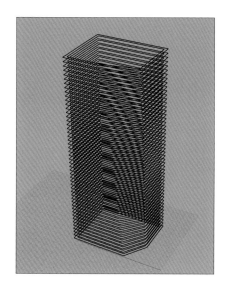

必要な外形線のみとなりました。

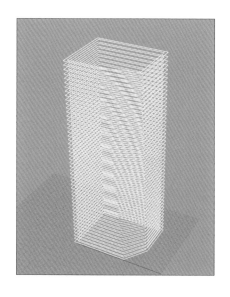

9
ルーバーを作成します。

外形線のみを表示して、[PlanarSrf]コマンドを実行します。

外形線をすべて選択して、[Enter]キーを押します。

CHAPTER 1
CHAPTER 2
CHAPTER 3
CHAPTER 4
CHAPTER 5
CHAPTER 6
CHAPTER 7
CHAPTER 8
CHAPTER 9
CHAPTER 10

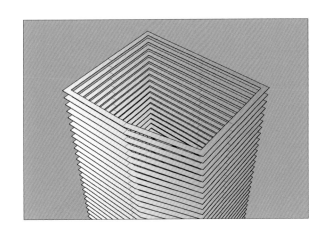

ルーバーのサーフェスが作成されます。

作成したルーバーをすべて選択します。

次にルーバーに厚みをつけていきます。
[ExtrudeSrf]コマンドを実行して、押し出し距離として「0.5」を入力します。

押し出し距離 ‹0.5› (方向(D) 両方向(B)=いいえ ソリッド(S)=はい 元のオブジェクトを削除(L)=はい 境界まで(I) 接点で分割(P)=いいえ 基点を設定(A)) 0.5

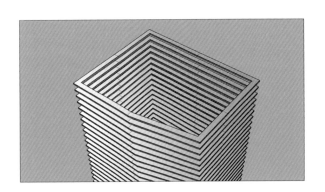

[ソリッド(S)＝はい]にして[Enter]キーを押します。

ルーバーが完成します。

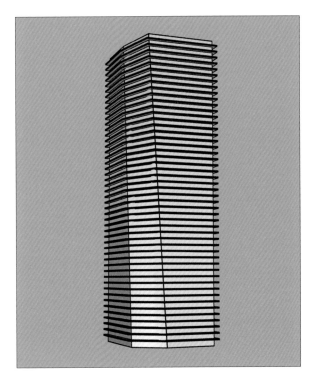

外壁ポリサーフェスの表示をオンにします。以上で、ルーバーが覆うファサードのモデルが完成します。

CHAPTER 1
CHAPTER 2
CHAPTER 3
CHAPTER 4
CHAPTER 5
CHAPTER 6
CHAPTER 7
CHAPTER 8
CHAPTER 9
CHAPTER 10

7-02 流れるような形状の椅子

使用ファイル | 7-2_流れるような形状の椅子.3dm

本項では、断面曲線から複雑な形状のサーフェスを持つ椅子を作成します。また、サーフェスから曲線を抽出して、新たな形状の作成に使用する方法を学んでいきます。

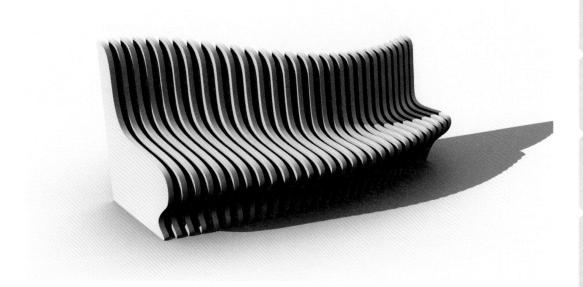

コマンド Sweep1, Sweep2

断面曲線とレール曲線から連続したサーフェスを作成するコマンド

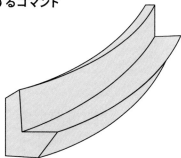

以下の3種類のいずれかの方法でコマンドを実行します。

コマンド	アイコン	メニュー
Sweep1		[サーフェス]→[1レールスイープ]
Sweep2		[サーフェス]→[2レールスイープ]

［Sweep］コマンドはガイドレールと断面曲線からサーフェスを作成するコマンドで、断面曲線がガイドレールに沿って連続したオブジェクトを作成することができます。

使用するガイドレールの本数によって、コマンドを使い分けます。1本の場合は［Sweep1］、2本の場合は［Sweep2］を用います。使用できるレールは最大で2本です。

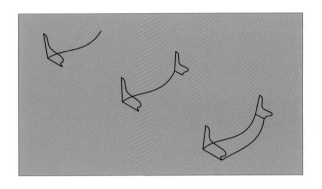

1

初めに、サンプルファイルを収めたフォルダ内の「**7-2_流れるような形状の椅子.3dm**」を開くと、椅子の断面曲線とレール曲線で構成された曲線が用意されています。

それらの曲線から、［Sweep］コマンドで連続した椅子のサーフェスを作成します。

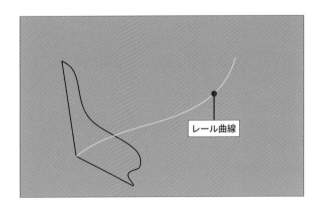

レール曲線

2

1つのレール曲線を用い、椅子の断面曲線がつながった曲線ネットワークからサーフェスを作成していきます。

［Sweep1］コマンドを実行します。

ガイドとなるレールを選択するようにコマンドライン上に指示が出るので、レール曲線をクリックします。

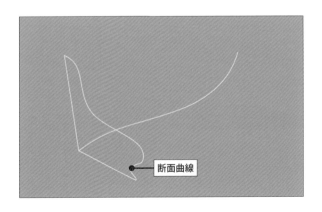

断面曲線

3

次に椅子の断面曲線をクリックで1つ選択して、［Enter］キーを押します。

1レールスイープオプションのウィンドウが
表示されます。
スタイルなどの設定を変更して**「プレビュー」**
をクリックすると、作成されるオブジェクト
の形状が変化していくのが確認できます。こ
こではスタイルを[**フリーフォーム**]にして
[**OK**]をクリックします。

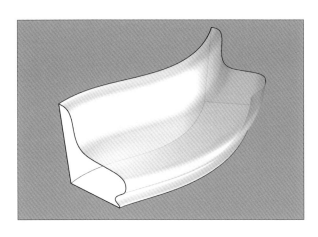

左図のように断面曲線がレールに沿って連
続した形状が作成されます。

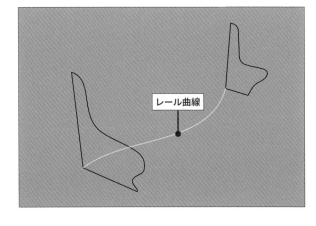

3

1つのレール曲線を用い、椅子の2つの断
面曲線がつながった曲線ネットワークから
サーフェスを作成していきます。

[**Sweep1**]コマンドを実行して、レール曲
線をクリックで選択します。

CHAPTER 1
CHAPTER 2
CHAPTER 3
CHAPTER 4
CHAPTER 5
CHAPTER 6
CHAPTER 7
CHAPTER 8
CHAPTER 9
CHAPTER 10

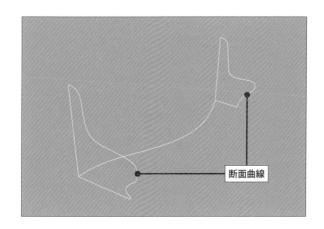

椅子の断面曲線を2つクリックで選択して、[Enter]キーを押します。

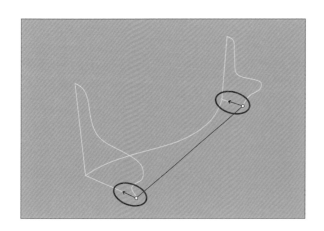

複数の断面曲線を用いる場合、左図のように各断面曲線上のどの位置を起点とするかが、矢印で表示されます。それぞれの断面曲線上のなるべく同じ点で矢印の向きを揃えて、起点として設定します。

矢印の位置を調整したい場合は、矢印をクリックした後、移動したい点で再度クリックすることで調整が可能です。

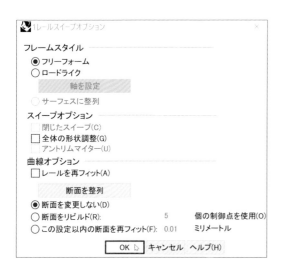

1レールスイープオプションのウィンドウが表示されるので、スタイルが[フリーフォーム]となっていることを確認して、[OK]をクリックします。

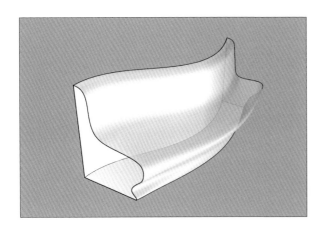

左図のように2つの異なる断面曲線がレール
に沿って連続した形状が作成されます。

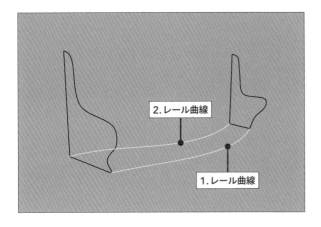

2.レール曲線

1.レール曲線

4

次に、2本のレール曲線を用い、椅子の断
面曲線がつながった曲線ネットワークから
サーフェスを作成していきます。

[Sweep2]コマンドを実行します。

ガイドとなるレールを選択するようにコマン
ドライン上で指示が出るので、1つ目のレー
ル、2つ目のレールと順番に、断面曲線を
つないでいる2本のレール曲線をクリックし
ます。

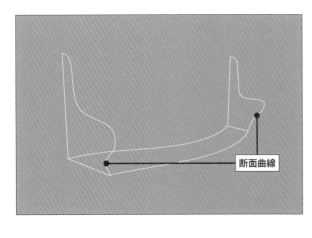

断面曲線

次に、椅子の断面曲線をクリックで2つ選択
して[Enter]キーを押します。

CHAPTER 1
CHAPTER 2
CHAPTER 3
CHAPTER 4
CHAPTER 5
CHAPTER 6
CHAPTER 7
CHAPTER 8
CHAPTER 9
CHAPTER 10

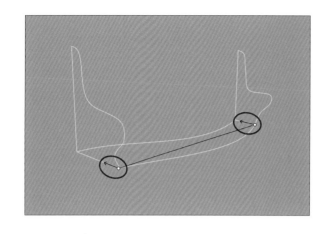

矢印の位置と向きに注意して再度[Enter]
キーを押します。

2レールスイープオプションのウィンドウが
表示されるので、左図のようになっているこ
とを確認して、[OK]をクリックします。

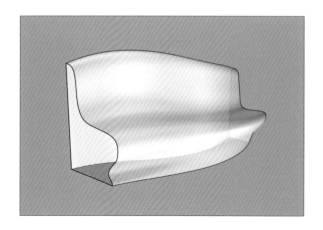

左図のように2つの異なる断面曲線が、2
本のレールに沿って連続した形状が作成さ
れます。

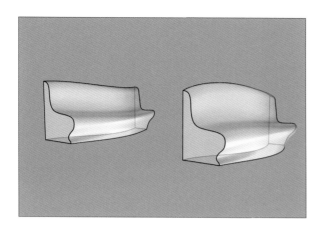

5

オブジェクトの側面を作成して、閉じたポリ
サーフェスを作成します。

以上で、流れるような形状のサーフェスが作
成されます。

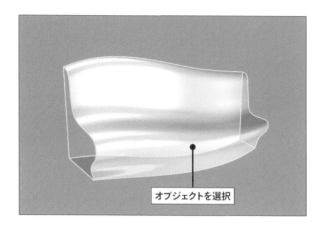

オブジェクトを選択

6

続いて、[Contour]コマンドを使用して作
成したオブジェクトの外形線を抽出していき
ます。

[Contour]コマンドを実行します。

外形線を作成するオブジェクトを選択しま
す。スイープで作成したオブジェクトを選択
して[Enter]キーを押します。

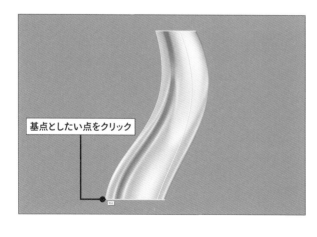

基点としたい点をクリック

外形面の基点を選択するようにコマンドライ
ンに指示が出るので、[Top]ビュー上で基
点としたい点をクリックして選択します。

CHAPTER 1
CHAPTER 2
CHAPTER 3
CHAPTER 4
CHAPTER 5
CHAPTER 6
CHAPTER 7
CHAPTER 8
CHAPTER 9
CHAPTER 10

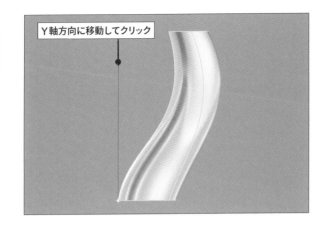

外形面に対して垂直となる方向を設定するために、選択した外形面の基点からY軸方向にカーソルを移動してクリックします。これで、オブジェクトの長手方向に外形線を作成するように設定されます。

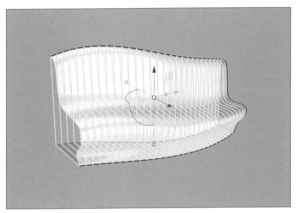

[Perspective]ビューに戻り、外形線間の距離を「10」と入力して[Enter]キーを押すと、左図のように等間隔でオブジェクトの外形線が抽出されます。

このときオプションメニューで[**曲線を結合（J）＝ポリサーフェス基準**]、[**同じ外形面のオブジェクトをグループ化（G）＝はい**]となっていることを確認します。

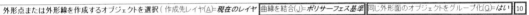

先程[Sweep2]コマンドで作成したオブジェクト自体は必要ないので、[Delete]キーで削除して外形線だけを残します。

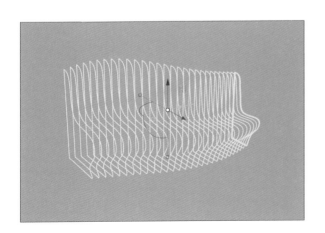

7

最後に、[ExtrudeCrv]コマンドで外形線に厚みをつけていきます。
押し出し距離として「5」を入力して、オプションメニューで[ソリッド(S)＝はい]、[元のオブジェクトを削除(L)＝はい]となっていることを確認します。

このときに外形線の法線方向に押し出しがされない場合は、オプションメニューの[方向(D)]で法線方向に押し出しの向きを変更します。

以上で、流れるような形状の椅子のモデルが完成します。

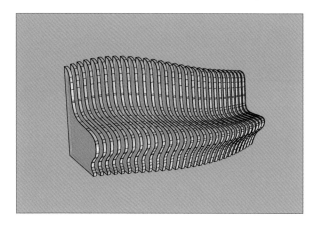

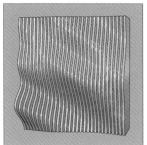 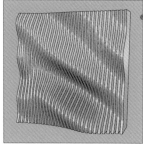

--- HINT ---

ファサード検討に用いる

[Sweep1][Sweep2]コマンドを用いることで左図のようにファサードのバリエーションのスタディを行うことができます。

本項の題材は、輪切りの断面を並べて作成する形状の椅子です。海外の大学のデジタルファブリケーションの授業で頻出する椅子をつくる課題では、本コマンドをよく使いました。曲線的な形状から外形線を取得して、レーザーカッターで切り出した材料を貼り合わせれば素早く模型もつくれます。世界中にたくさんの事例があるので、[Sweep]コマンドや[Contour]コマンドを利用してつくられたかもしれない建築や家具を是非探してみてください。

7-03 なだらかな丘状の造形物

使用ファイル | 7-3_なだらかな丘状の造形物.3dm

本項では、等高線状の曲線からなだらかな丘状の造形物を作成します。またヒストリ機能を用いて曲線を曲面に投影しながら開口部をスタディする方法を学んでいきます。

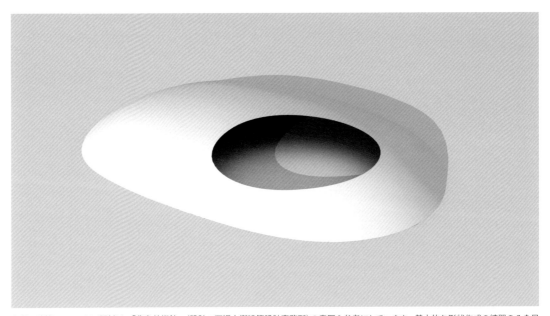

本項の建築モデリングの題材は、「豊島美術館」（設計：西沢立衛建築設計事務所）の意匠を参考にしています。基本的な形状作成の練習のみを目的とするため、平面・断面形や開口部の配置などは実際の建築とは異なります。

コマンド 〉 Patch

選択された曲線、メッシュ、点オブジェクト、点群にフィットさせるようにサーフェスを作成するコマンド

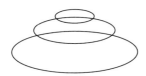

以下の3種類のいずれかの方法でコマンドを実行します。

コマンド	アイコン	メニュー
Patch	◈	［サーフェス］→［パッチ］

CHAPTER 1
CHAPTER 2
CHAPTER 3
CHAPTER 4
CHAPTER 5
CHAPTER 6
CHAPTER 7
CHAPTER 8
CHAPTER 9
CHAPTER 10

コマンド〉Project

作業平面に向かって投影された曲線または点と、投影先のサーフェスとの交差位置に曲線または点を作成するコマンド

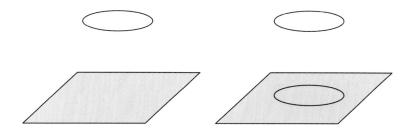

以下の3種類のいずれかの方法でコマンドを実行します。

コマンド	アイコン	メニュー
Project	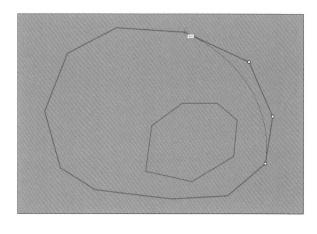	[曲線]→[オブジェクトから曲線を作成]→[投影]

1

初めに、サンプルファイルを収めたフォルダ内の「**7-3_なだらかな丘状の造形物.3dm**」を開きます。
作成する曲線のガイドとなる曲線が用意されています。

2

[**Curve**]コマンドを実行します。

外側のガイド曲線の端点を順番にクリックして、等高線の曲線形状を作成します。

曲線の始点 (次数(<u>D</u>)=*3* SubDフレンドリ(<u>S</u>)=*いいえ* 常に閉じる(<u>P</u>)=*いいえ*

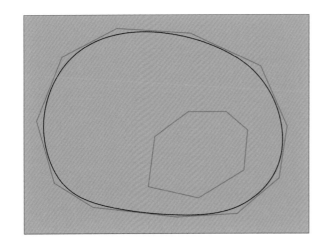

順番に端点をすべて選択していき、円状の
曲線を描きます。
最後に、オプションメニューの[閉じる(C)]
をクリックすると、最初と最後の点を自動的
につなぎ、閉じた曲線が作成されます。

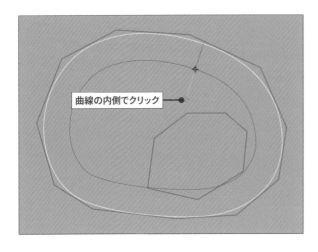

曲線の内側でクリック ●

3
続いて、[Offset]コマンドを実行して、作
成した曲線から一回り小さい曲線を作成し
ます。

オフセットする距離に「**200**」と入力します。

次に、オフセットしたい曲線の内側方向に
カーソルを合わせてクリックします。

オフセットする側 (距離(D)= 200 ルーズ(L)=いいえ コーナー(C)=シャープ 通過点指定(T) トリム(R)=はい 許容差(Q)=0.001 両方向(B) 作業平面内(I)=いいえ

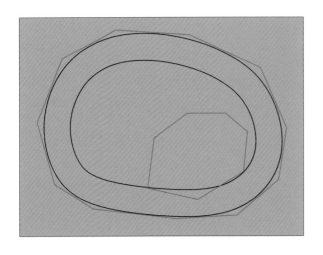

左図のように一回り小さい曲線が作成され
ます。

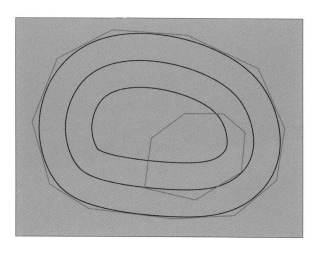

先程オフセットした曲線を距離[200]で内側
に再度オフセットします。

オフセットする側（ 距離(<u>D</u>)=*200* コーナー(<u>C</u>)=シャープ オフセット数(<u>O</u>)=*2*):

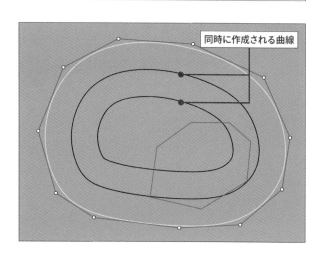

同時に作成される曲線

─── HINT ───

曲線の複数同時オフセット

プレビュー機能はありませんが、
[**OffsetMultiple**]コマンドを
用いると、曲線を複数同時にオ
フセットすることができます。

4

次に、内側に開口部となる円状の小さな曲
線を作成します。

[**Curve**]コマンドを実行します。内側のガイ
ド曲線の端点を順番に選択して、開口部の
曲線形状を描いていきます。

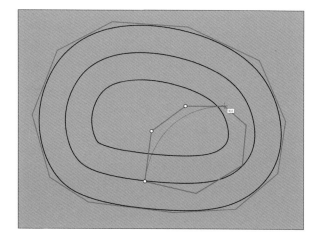

CHAPTER 1
CHAPTER 2
CHAPTER 3
CHAPTER 4
CHAPTER 5
CHAPTER 6
CHAPTER 7
CHAPTER 8
CHAPTER 9
CHAPTER 10

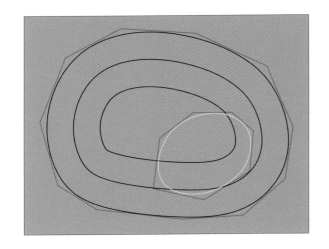

すべての端点を選択し終わったら、最初の始点を選択します。始点と終点をつないだ閉じた曲線が作成されます。

5
次に、等高線に高さを与えていきます。

[Move]コマンドなどで内側の曲線の高さをそれぞれ「100」、「150」に上げると、起伏のある形状のガイドとなる等高線ができます。

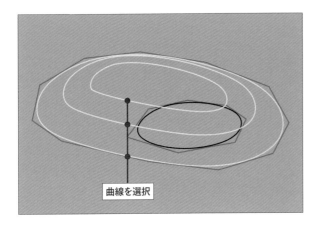

曲線を選択

6
次に、ガイドの等高線からサーフェスを作成します。

[Patch]コマンドを実行します。

等高線をすべて選択して[Enter]キーを押します。

左図のようなパッチオプションのウィンドウ
が開くので、設定を確認して、[OK]をクリッ
クします。

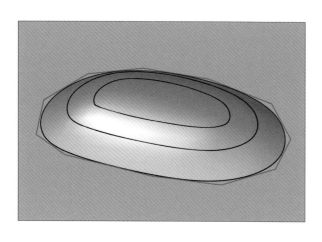

左図のように、なだらかな丘伏のパッチオ
ブジェクトが作成されます。

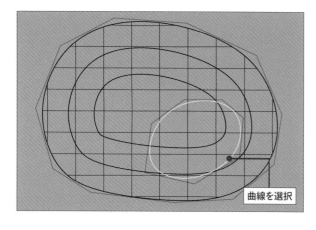

曲線を選択

7

最後に、作成したオブジェクトに開口部を作
成します。

[Top]ビューから開口部となる曲線を選択
します。

CHAPTER 1
CHAPTER 2
CHAPTER 3
CHAPTER 4
CHAPTER 5
CHAPTER 6
CHAPTER 7
CHAPTER 8
CHAPTER 9
CHAPTER 10

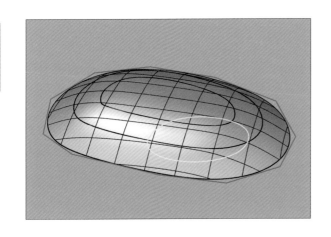

[Project]コマンドを実行して、パッチオブ
ジェクトに投影します。
このとき、ステータスバーの[ヒストリを記
録]をオンにして、元の曲線を移動・編集す
ると投影した曲線も併せて変更されます。

ヒストリを用いて、開口曲線の形状を調整し
ます。

※[ヒストリを記録]の詳細は110ページ、本
　章-08でも復習します。

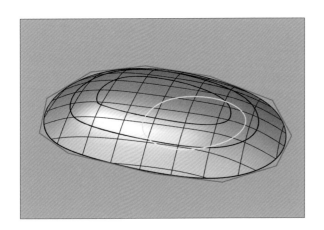

[Split]コマンドを実行して、パッチオブジェ
クトを投影した曲線で分割します。

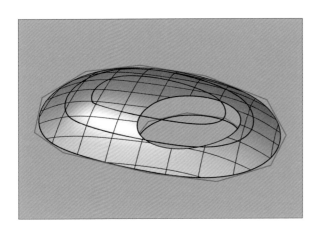

曲線の内側のサーフェスを削除すると、なだ
らかな丘状の造形物のモデルが完成します。

CHAPTER 1
CHAPTER 2
CHAPTER 3
CHAPTER 4
CHAPTER 5
CHAPTER 6
CHAPTER 7
CHAPTER 8
CHAPTER 9
CHAPTER 10

7-04 うねりのあるファサード

使用ファイル | 7-4_うねりのあるファサード_完成形.3dm

本章では、総復習として今までに学習したコマンドを複数使用して、うねりのあるファサードのモデルを作成します。

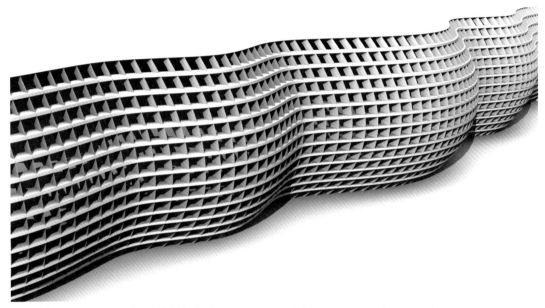

本項の建築モデリングの題材は、「国立新美術館」（設計：黒川紀章建築都市設計事務所・日本設計JV）の意匠を参考にしています。基本的な形状作成の練習のみを目的とするため、寸法などは実際の建築とは異なります。

1

本項では、ファイルを新規作成してモデリングしていきます。完成形のサンプルファイルも用意されています。

「**外形形状**」という新規レイヤを作成して作業レイヤとします。

440×45

長方形の1つ目のコーナー（3点(P) 垂直(V) ラウンドコーナー(R)) 0,0
もう一方のコーナーまたは長さ（3点(P) ラウンドコーナー(R)) 440,45

2

「440×45」の長方形を作成します。

[Rectangle]コマンドを実行して、
1つ目のコーナーに**0,0**
2つ目のコーナーに**440,45**
と入力して、[Enter]キーを押します。

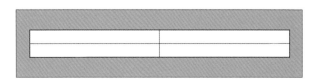

3

長方形を選択して、[PlanarSrf]コマンドを実行します。左図のようにサーフェスが作成されます。

215

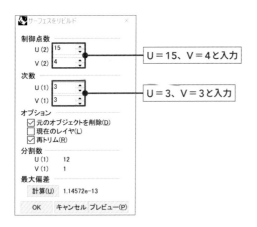

U＝15、V＝4と入力

U＝3、V＝3と入力

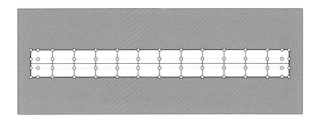

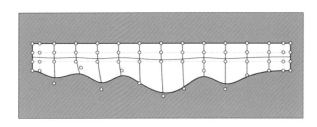

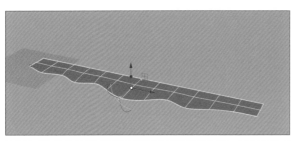

押し出し距離〈70〉 方向(D) 両方向(B)=いいえ ソリッド(S)=はい 元のオブジェクトを削除(L)=はい

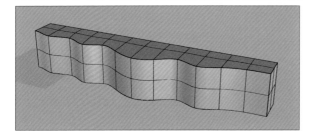

4

形状を変更するために、サーフェスをリビルドします。

サーフェスを選択して、[Rebuild]コマンドを実行します。
サーフェスをリビルドすると、制御点数と次数は水平方向（U）と垂直方向（V）の2種類を変更することになります。

今回は、左図のように制御点数と次数を設定します。

5

サーフェスの制御点を編集して、形状を変更していきます。

サーフェスを選択して、[PointsOn]コマンドを実行します。

6

制御点を編集して、サーフェスを変形します。

片側の長辺上の制御点を上下に動かしてサーフェスの形状を左図のように変形させます。変形が終わったら、[Esc]キーを押して制御点を非表示にします。

7

サーフェスを押し出します。

[Perspective]ビューのビュータイトルをダブルクリックして、最大表示にします。

[ExtrudeSrf]コマンドを実行して、サーフェスをZ方向に押し出します。ここでは「70」と入力します。

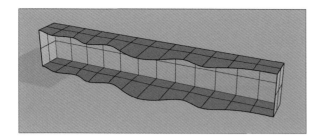

8

正面のサーフェスの形状を変更していきます。

[Explode]コマンドを実行して、押し出したサーフェスを各面に分解します。

正面のサーフェスを選択して削除します。

直線の始点 (両方向(B) 法線(N) 角度(A) 垂直(V) 4点(F)

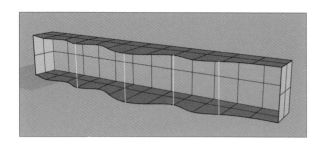

9

4本の垂直な線を作成します。

[Line]コマンドを実行します。コマンドラインで垂直を選択して、任意の個所に垂直線を作成します。

左図のように、作成した線を基に、残り3本の垂直線を[Copy]コマンドで複製します。

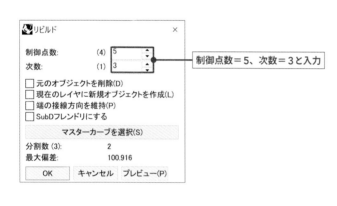

制御点数＝5、次数＝3と入力

10

[Rebuild]コマンドを実行して、曲線をすべてリビルドします。
左図のように、制御点数と次数を設定します。

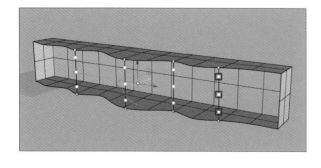

11

制御点が作成されました。

制御点をガムボールで移動していき、丸みを持つ形状に変更していきます。

CHAPTER 1
CHAPTER 2
CHAPTER 3
CHAPTER 4
CHAPTER 5
CHAPTER 6
CHAPTER 7
CHAPTER 8
CHAPTER 9
CHAPTER 10

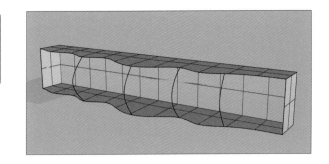

12

変形が終わったら、[Esc]キーを押して制御点を非表示にします。

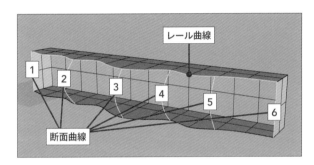

レール曲線

1 2 3 4 5 6

断面曲線

13

正面サーフェスを作成します。

「**曲面形状**」という新規レイヤを作成して、作業レイヤとします。

[Sweep1]コマンドを実行します。
レールと断面曲線を左図のように選択するとサーフェスが作成されます。
断面曲線は必ず左から、または右から順番に選択しましょう。

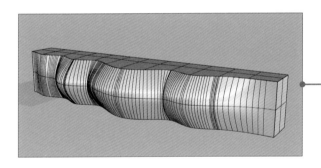

--- HINT ---
エッジの選択方法

[Ctrl+Shift+選択]でサーフェスのエッジのみを選択できます。

14

横方向のルーバーを作成します。

[Contour]コマンドを実行します。

[横ルーバー]レイヤを新規作成して、作業レイヤとします。

（1）
外形線を形成するオブジェクトとして作成した正面のサーフェスを選択します。
左図のように、コンター（等高線）方向の垂直方向に2つの基点を取ります。

外形点または外形線を作成するオブジェクトを選択

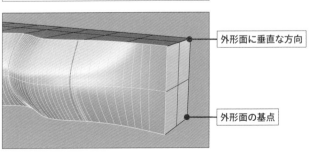

外形面に垂直な方向

外形面の基点

外形点または外形線間の距離 〈5.000〉

外形線間の距離として「5」を入力します。

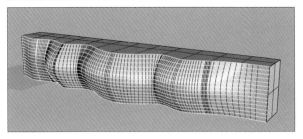

押し出し距離 〈5〉 出力(O)=サーフェス 方向(D) 両方向(B)=いいえ ソリッド(S)=はい 元のオブジェクトを削除(L)=はい

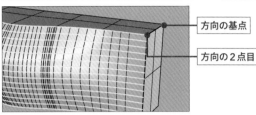

方向の基点

方向の2点目

(2)

(1)の曲線が選択された状態のまま、[ExtrudeCrv]コマンドを実行します。

方向(D)を押して、左図のようにY軸方向に2つの基点を取り、押し出し距離として「5」を入力します。[元のオブジェクトは削除(L)=はい]に設定します。

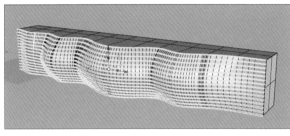

押し出し距離 〈0.25〉 (出力(O)=サーフェス 方向(D) 両方向(B)=はい ソリッド(S)=はい 元のオブジェクトを削除(L)=はい

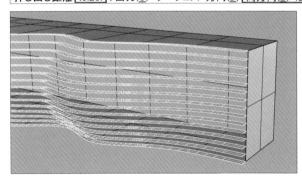

15

横ルーバーに厚みをつけます。

横ルーバーを選択して、[ExtrudeSrf]コマンドを実行します。

押し出し方向は**垂直方向**
[押し出し距離〈0.25〉]
[両方向(B)=はい]
[元のオブジェクトを削除(L)=はい]
に設定します。

横ルーバーに厚みがつきました。

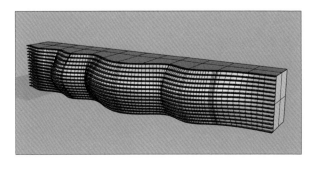

CHAPTER 1
CHAPTER 2
CHAPTER 3
CHAPTER 4
CHAPTER 5
CHAPTER 6
CHAPTER 7
CHAPTER 8
CHAPTER 9
CHAPTER 10

外形点または外形線を作成するオブジェクトを選択

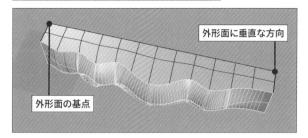

外形面に垂直な方向

外形面の基点

16

縦方向のルーバーを作成します。

[横ルーバー]レイヤを非表示にします。
[縦ルーバー]レイヤを新規作成して、作業
レイヤとします。

外形点または外形線間の距離〈10.000〉

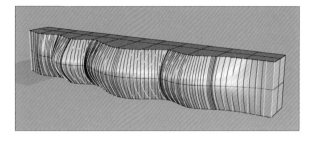

[Contour]コマンドを実行します。

外形線を形成するオブジェクトとして作成し
た正面のサーフェスを選択します。
左図のように、等高線の方向を水平方向に
2つの基点を取り、外形線間の距離として
「10」を入力します。

押し出し距離〈5〉（ 出力(O)=サーフェス 方向(D) 両方向(B)=いいえ ソリッド(S)=はい 元のオブジェクトを削除(L)=はい

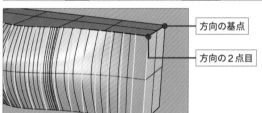

方向の基点

方向の2点目

曲線が選択された状態のまま、[Extrude
Crv]コマンドを実行します。

まず、[方向(D)]を押して、左図のようにY
軸方向に2つの基点を取り、押し出し距離
として「5」を入力します。[元のオブジェクト
は削除(L)＝はい]に設定します。

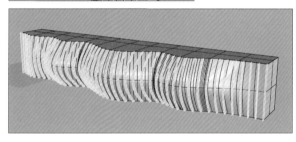

押し出し距離〈0.5〉（ 出力(O)=サーフェス 方向(D) 両方向(B)=はい ソリッド(S)=はい 元のオブジェクトを削除(L)=はい

17

縦ルーバーに厚みをつけます。

縦ルーバーを選択して、[ExtrudeSrf]コマ
ンドを実行します。

押し出し方向は**垂直方向**
[押し出し距離〈0.5〉]
[両方向(B)＝はい]
[元のオブジェクトを削除(L)＝はい]
に設定します。

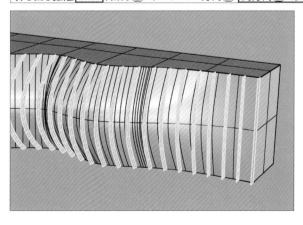

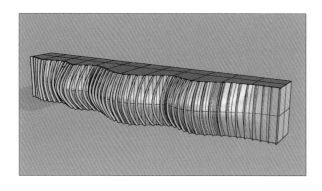

縦ルーバーに厚みがつきました。

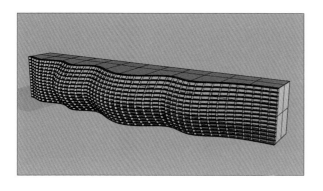

18
レイヤの表示・非表示を整えます。
[**横ルーバー**]レイヤを表示して、[**曲面形状**]
レイヤを非表示にします。

Perspective ▼
元のサイズに戻す
名前の付いたビューを呼び出し
ワイヤフレーム
シェーディング
● レンダリング
ゴースト
X線
テクニカル
アーティスティック
ペン

19
[Perspective]ビュータイトルの右にある
▼ボタンを右クリックして、レンダリング表
示に切り替えると、うねりのあるファサード
のモデルが完成します。

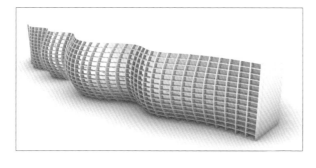

7-05 凹凸のある建築

使用ファイル｜7-5_凹凸のある建築.3dm

本項では、シンプルな立体に任意の凹凸をつけるモデリング方法を学びます。大まかな形状デザインのスタディをしたいときに役立ちます。

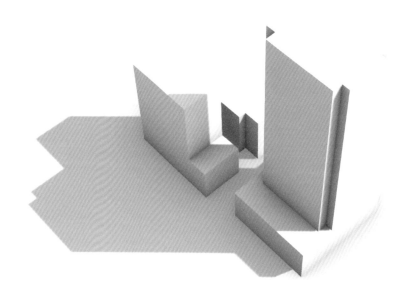

コマンド SplitFace

立体を構成する一部の平面だけを選択して分割するコマンド

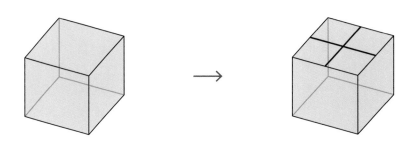

以下の3種類のいずれかの方法でコマンドを実行します。

コマンド	アイコン	メニュー
SplitFace		[ソリッド]→[ソリッド編集ツール]→ [面]→[面を分割]

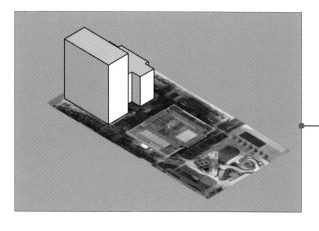

CHAPTER 1
CHAPTER 2
CHAPTER 3
CHAPTER 4
CHAPTER 5
CHAPTER 6
CHAPTER 7
CHAPTER 8
CHAPTER 9
CHAPTER 10

1

サンプルファイルを収めたフォルダ内の「7-5_凹凸のある建築.3dm」ファイルを開きます。敷地画像とガイド線が用意されています。

---HINT---

敷地画像の読み込み

今回は敷地の画像があらかじめ用意されていますが、[Picture]コマンドで好きな画像を配置することができます。

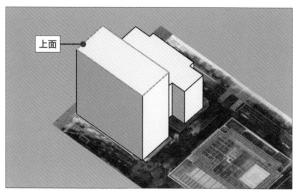

上面

2

[SplitFace]コマンドを実行します。

「分割する面を選択」とコマンドラインに表示されるので、上面を選択して、[Enter]キーを押します。

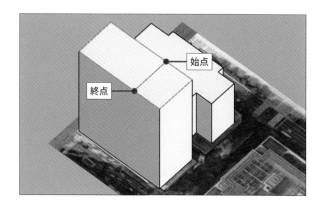

始点

終点

3

「分割軸の始点（曲線（C））」とコマンドラインに表示されるので、分割軸の始点と終点を指定します。

上面の2辺上の任意の位置をクリックして、[Enter]キーを押します。上面が分割されます。

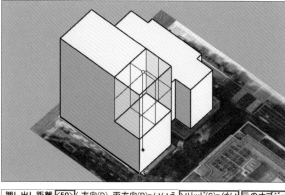

4

分割された面を、[ExtrudeSrf]コマンドでZ軸方向に「50」押し下げてボリュームを切り欠きます。

このとき、オプションメニューで、[ソリッド(S)＝はい][元のオブジェクトを削除(L)＝はい]となっていることを確認してください。

押し出し距離 ‹50›	(方向(D) 両方向(B)=いいえ	ソリッド(S)=はい	元のオブジェクトを削除(L)=はい	境界まで(T) 接点で分割(P)=いいえ 基点を設定

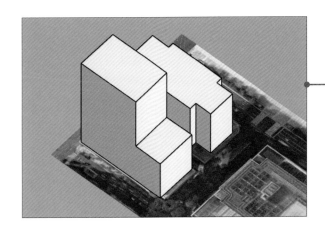

5

オブジェクトの切り欠きが実行されました。

---- HINT ----
面の選択方法

[ExtrudeSrf]コマンドを用いると、押し出すサーフェスとして先程分割した面を選択することができます。
[Ctrl+Shift+選択]で面をクリックすれば、コマンド実行前に面を選択することもできます。

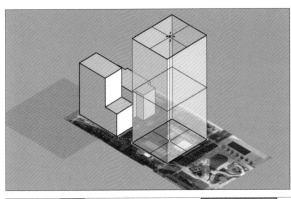

6

次に、曲線を用いて面を分割する方法を説明します。

まず、分割するボリュームを作成します。

[ExtrudeCrv]コマンドを実行して、青色の曲線を[ソリッド(S)=はい]の設定でZ軸方向に「180」押し出します。

押し出し距離<180>(方向(D) 両方向(B)=いいえ ソリッド(S)=はい 元のオブジェクトを削除(L)=いいえ 境界まで(T) 基点を設定

7

サーフェスの分割に用いる曲線を移動します。

[ボリューム]レイヤを非表示にした後、紫色の曲線を選択します。ガムボールを用いてZ軸方向に「180」移動します。

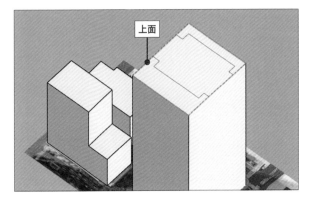

8

ボリュームの形状を変更するためにサーフェスを分割していきます。

[ボリューム]レイヤを表示状態にして、[SplitFace]コマンドを実行します。

「分割する面を選択」とコマンドラインに表示されるので、作成したボリュームの上面を選択して、[Enter]キーを押します。

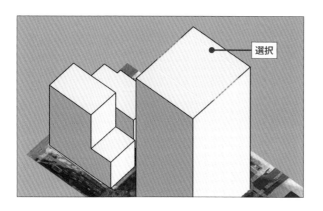

選択

分割軸の始点（[曲線(C)]）

9

「分割軸の始点（曲線(C)）」とコマンドライン
に表示されるので、[曲線(C)]をクリックし
て、先程移動した紫色の曲線を選択します。

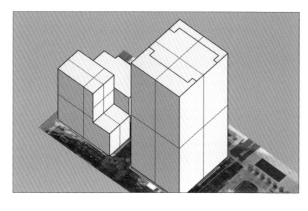

10

[Enter]キーを押すと、選択した曲線で面
が分割されます。

次の作業をしやすくするために、[**外形線**]
レイヤ、[**分割曲線**]レイヤを非表示にします。

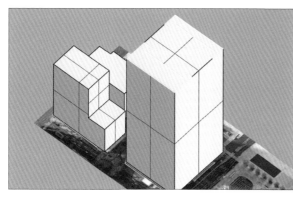

11

面を押し下げて形状を変更します。

[ExtrudeSrf]コマンドを実行して、分割さ
れた面を選択します。

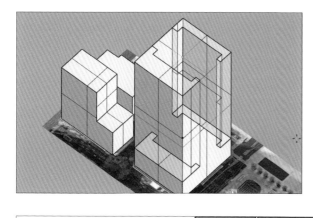

12

Z軸方向に「150」押し下げます。

このとき、オプションメニューで、[ソリッド
（S）＝はい][元のオブジェクトを削除（L）
＝はい]となっていることを確認してください。

押し出し距離〈150〉（ 方向(D) 両方向(B)=いいえ | ソリッド(S)=はい | 元のオブジェクトを削除(L)=はい | 境界まで(T) 接点で分割(P)=いいえ 基点を設定

CHAPTER 1
CHAPTER 2
CHAPTER 3
CHAPTER 4
CHAPTER 5
CHAPTER 6
CHAPTER 7
CHAPTER 8
CHAPTER 9
CHAPTER 10

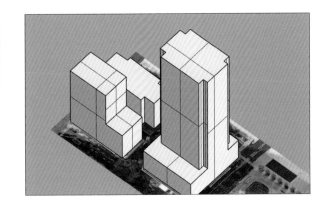

13

ボリュームの切り欠きが実行されました。

以上で、凹凸のある建築のモデルは完成です。

─── HINT ───

凹凸形状のスタディ

今回は練習のために形状を指定しましたが、独自の分割をすれば様々な形状を検討することができます。

CHAPTER 1
CHAPTER 2
CHAPTER 3
CHAPTER 4
CHAPTER 5
CHAPTER 6
CHAPTER 7
CHAPTER 8
CHAPTER 9
CHAPTER 10

7-06 簡易な表現の階段

使用ファイル | 7-6_簡易な表現の階段.3dm

本項では、曲線上にオブジェクトを配置できるコマンドを用いて簡易に階段を作成する方法を学んでいきます。

コマンド〉 **ArrayCrv**

曲線上にオブジェクトを複数配列するコマンド

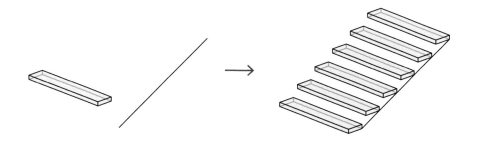

以下の3種類のいずれかの方法でコマンドを実行します。

コマンド	アイコン	メニュー
ArrayCrv		[変形]→[配列]→[曲線に沿って]

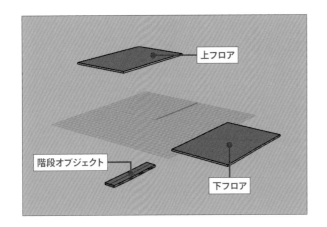

1

サンプルファイルを収めたフォルダ内の
「7-6_簡易な表現の階段.3dm」を開きます。
フロアと1段分の階段オブジェクトが用意さ
れています。

上下のフロアをつなぐ階段を作成していきま
す。

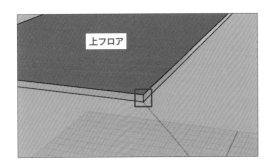

2

階段を設置するガイドラインを作成します。

[**Line**]コマンドを実行して、上フロアの下
端と下フロアの下端をつなぐ、階段のガイド
ラインを作成します。

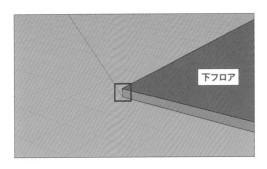

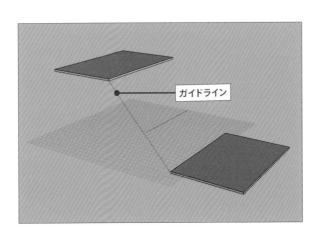

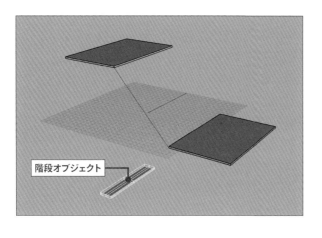

階段オブジェクト

3

階段オブジェクトをガイドライン上に設置します。

階段オブジェクトを選択して、[**ArrayCrv**]コマンドを実行します。

パス曲線を選択（基点(B)）:

コマンドラインの[**基点(B)**]をクリックします。

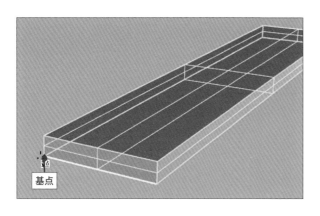

基点

「**配列するオブジェクトの基点**」とコマンドラインに表示されるので、階段の下端をクリックして選択します。

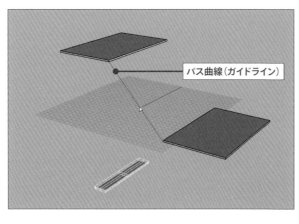

パス曲線（ガイドライン）

次に、「**パス曲線を選択**」を実行します。

CHAPTER 1
CHAPTER 2
CHAPTER 3
CHAPTER 4
CHAPTER 5
CHAPTER 6
CHAPTER 7
CHAPTER 8
CHAPTER 9
CHAPTER 10

| パス曲線を選択 |
| アイテムの数で配列。設定がよければEnterを押します (アイテム(I)=*10* 距離(D)=*294.362* 向き(O)=*回転なし*) |

ガイドラインを選択すると、コマンドライン
に配列オプションが表示されます。配置スタ
イルは回転なしで、[OK]を押します。

アイテムの数、またはアイテム間の距離で配
列の方法を設定できます。アイテムの数は
「10」と入力とします。

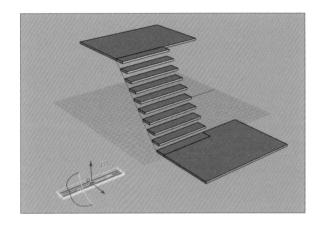

設定した数の階段オブジェクトがガイドライ
ンに沿って配置されます。以上で、簡易な
表現の階段のモデルが完成します。

| 回転なし | フリーフォーム | ロードライク |

--- HINT ---

配置スタイル

配置のためのガイドラインが複雑な場
合、配置スタイルによって形状が変わっ
てきます。
希望の形状になるように配置スタイルを
変更します。

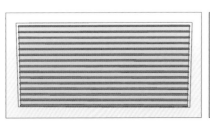

--- HINT ---

ルーバーの作成

[**ArrayCrv**] コマンドは、
窓のルーバーの作成など
にも使用されます。

CHAPTER 1
CHAPTER 2
CHAPTER 3
CHAPTER 4
CHAPTER 5
CHAPTER 6
CHAPTER 7
CHAPTER 8
CHAPTER 9
CHAPTER 10

7-07 手摺りのある階段

使用ファイル | 7-7_手摺りのある階段.3dm、7-7_手摺りのある階段_インポート.dwg

本項では、前項の応用として、CADデータから手摺りのある階段を作成する方法を学んでいきます。

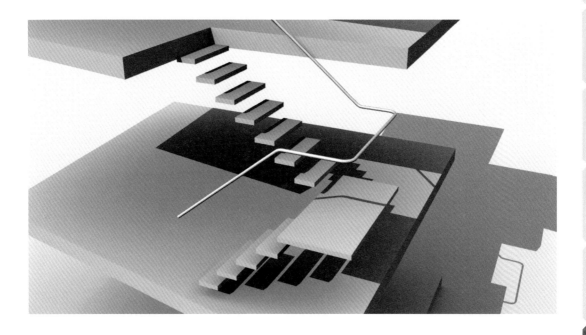

コマンド〉 **Pipe**

選択した曲線を中心としたパイプ状オブジェクトを作成するコマンド

以下の3種類のいずれかの方法でコマンドを実行します。

コマンド	アイコン	メニュー
Pipe		[ソリッド]→[パイプ]

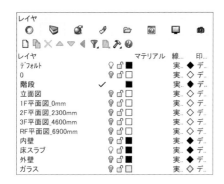

サンプルファイルを収めたフォルダ内の「**7-7_手摺りのある階段.3dm**」を開きます。

作業をしやすくするため、左図のようなレイヤ表示状態にしておきます。

2

階段のガイドとなる2DのCADデータをインポートします。

[**Import**] コマンドを実行します。「**7-7_手摺りのある階段_インポート.dwg**」を選択して、[**開く**]をクリックします。[**DWG/DXFインポートオプション**]ウィンドウが表示されたら、[**OK**]をクリックします。

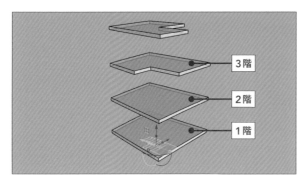

1階部分に階段のガイド曲線がインポートされて、階段ガイドレイヤが新たに作成されます。

3

2〜3階をつなぐ吹き抜けに部分に、階段を作成します。

吹き抜けと平面的に同位置（高さ）にガイド曲線が配置されているので、ガムボールを用いて**Z軸方向**に「**2300**」移動します。

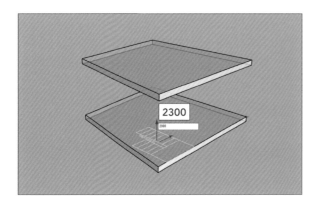

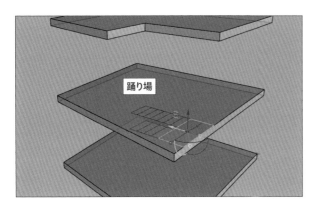

4

踊り場となるサーフェスを作成していきます。
[**PlanarSrf**]コマンドを実行して、踊り場の
曲線を選択してサーフェスを作成します。

```
コマンド: Calc
コマンド:Calc
```

5

次に、Rhino上で計算を実行できる機能を
用いて踊り場の高さを設定していきます。

コマンドラインに[**Calc**]と打ち込み、[**Enter**]
キーを実行すると、計算機の画面が表示さ
れます。

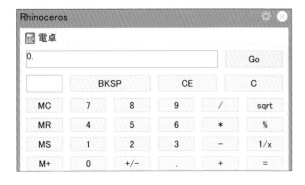

インポートした階段は2階～3階の階高
2300㎜を13段で均等に上がっていく設計と
なっています。

踊り場の高さは、
（2300/13）＊5＝**884.615**となります。

数値の上にカーソルを合わせて右クリックす
るとコピーができるので、数値をコピーします。

CHAPTER 1
CHAPTER 2
CHAPTER 3
CHAPTER 4
CHAPTER 5
CHAPTER 6
CHAPTER 7
CHAPTER 8
CHAPTER 9
CHAPTER 10

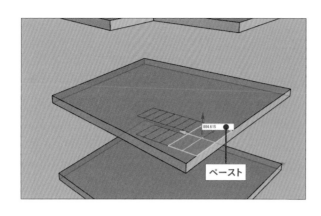

6

ガムボールをオンにした状態で、踊り場の
サーフェスを選択します。Z軸方向に先程コ
ピーした数値を「**Ctrl+V**」でペーストして、
移動を行います。

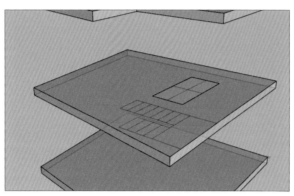

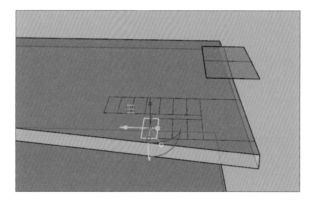

7

次に、各段を配置していきます。

1段目の段となる面を[**PlanarSrf**]コマンド
などで作成するため、4辺の曲線を選択しま
す。

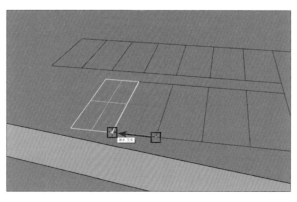

後で作成される階段の段数を考慮しながら、
[**Move**]コマンドを用いて、先程の一段目の
サーフェスを2階平面上で一段分ずらします。

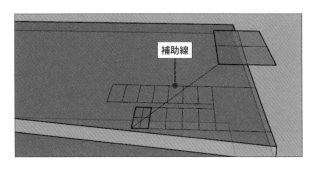

補助線

[ArrayCrv]コマンドを用いる際に必要な、パス曲線を作成します。

[Line]コマンドを実行して、左図のように補助線を作成します。

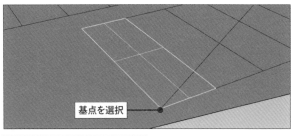

基点を選択

パス曲線を選択（基点(B)）:

[ArrayCrv]コマンドを実行して、各段のサーフェスを配置していきます。

配置の基点を設定します。
コマンドラインの[基点(B)]をクリックます。

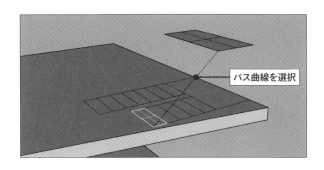

パス曲線を選択

パス曲線には先程作成した補助線を選択します。

アイテムの数で配列。設定がよければEnterを押します（アイテム(I)=6 距離(D)=282.315 向き(O)=回転なし）:

--- HINT ---
段数の設定

「アイテムの数」は[ArrayCrv]コマンドの性質上「(段数)＋(両端)」を考慮して「6」に設定します。

コマンドラインで
[アイテムの数(I)＝6]
[距離(D)＝282.315]
[向き(O)＝回転なし]
に設定して[OK]をクリックします。

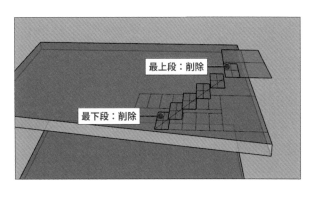

最上段：削除

最下段：削除

踊り場までの各段が配置されます。

[ArrayCrv]コマンドの性質上、最上段、最下段の2段分は、床面と重なるので削除します。

CHAPTER 1
CHAPTER 2
CHAPTER 3
CHAPTER 4
CHAPTER 5
CHAPTER 6
CHAPTER 7
CHAPTER 8
CHAPTER 9
CHAPTER 10

もう一方のコーナーまたは長さ（3点(P)）:-650

幅。長さと同じ場合はEnterを押します:-220

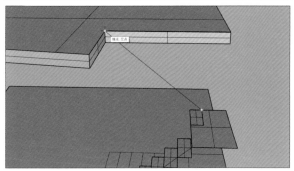

踊り場から3階への階段も作成していきます。

後で作成される階段の段数を考慮して、踊り場に重なるように階段を作成しておきます。

[Plane]コマンドを実行して、踏面「650×220」の階段にしたいので、長さに「-650」、幅に「-220」を入力します。

先程作成した階段の角を基準に、[Line]コマンドを実行して、補助線を作成します。

パス曲線を選択《基点(B)》

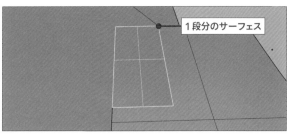

1段分のサーフェス

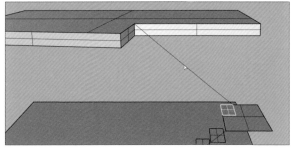

[ArrayCrv]コマンドを用いて各段のサーフェスを配置していきます。

先程踊り場に作成した1段分のサーフェスを選択します。コマンドラインには「パス曲線を選択」と表示されますが、ここではオブジェクトの配置基点を設定します。
コマンドラインの[基点(B)]をクリックします。

配列する補助曲線を選択します。

アイテムの数で配列。設定がよければEnterを押します（ アイテム(I)=9 距離(D)=282.315 向き(O)=回転なし ）.

コマンドラインで
[アイテムの数(I)＝9]
[距離(D)＝282.315]
[向き(O)＝回転なし]
に設定して[OK]をクリックします。

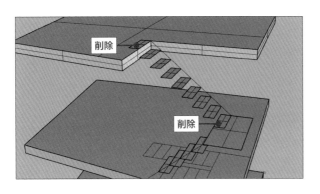

3階までの階段が作成されました。

踊り場と3階に作成された階段は床面と重なっているので削除します。

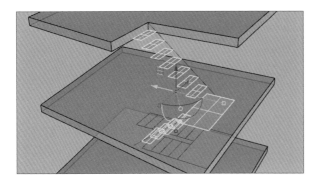

8
階段状にサーフェスが並んだら、サーフェスに厚みをつけます。

[ExtrudeSrf] コマンドを実行して、各段の上端の高さは変えずに法線方向に「-50」押し出します。

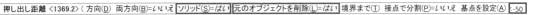

押し出し距離 <1369.2> (方向(D) 両方向(B)=いいえ ソリッド(S)=はい 元のオブジェクトを削除(L)=はい 境界まで(T) 接点で分割(P)=いいえ 基点を設定(A) -50

このとき、オプションメニューで
[ソリッド(S)=はい]
[元のオブジェクトを削除(L)=はい]
となっていることを確認します。
左図のように厚みがつきました。

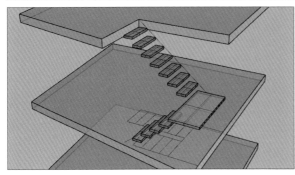

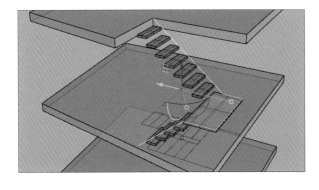

9
続いて、階段の手摺りを作成します。

「手すり」レイヤを作成して、作業レイヤとします。[Polyline] コマンドを実行して、手摺りのガイドとなる曲線を作成します。
先程パス曲線として用いた補助線に沿うように手摺りのガイドとなる曲線を作成してください。
作成した手摺りのガイド曲線を、[Offset]コマンドを実行して、内側に「50」オフセットします。

オフセットする側 (距離(D)= 50 ルーズ(L)=いいえ コーナー(C)=シャープ

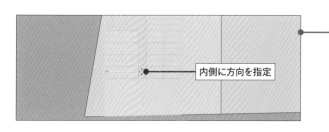

HINT

オフセットの方向

［Perspective］ビューでオフセットする
方向を指定した際、望む方向へオフセッ
トされないことがあります。この場合、
［Top］ビューなどの2次元のビューで方
向を指定することでうまくいきます。

内側に方向を指定

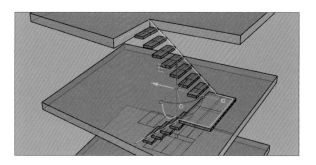

左図のように、内側にオフセットされます。

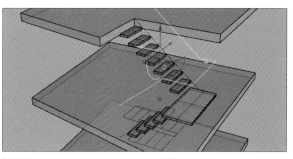

オフセットした手摺りのガイド曲線をガム
ボールなどを用いて、**Z軸方向**に「**800**㎜」
移動させます。

フィレットする1つ目の曲線を選択〈半径(R)=100 結合(J)=いいえ

［Fillet］コマンドを実行して、ガイド曲線の
角を「**半径(R)＝100**」としておきます。

角を構成する2つの曲線を選択して、角に
丸みをつけます。

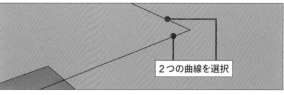

2つの曲線を選択

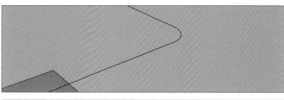

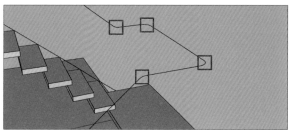

同様に、手摺りのすべての角に対して行い
ます。

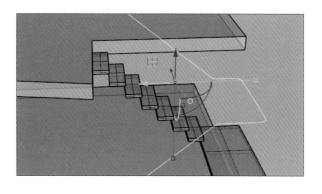

10

作成したガイド曲線をパイプ状にして、手摺りを作成します。

[Pipe]コマンドを実行します。パイプの中心線として手摺りのガイド曲線を選択して、[Enter]キーを押します。

| 開始半径 ⟨15.000⟩（直径(D) 出力(O)=サーフェス 厚み(T)=いいえ キャ |

| 終了半径 ⟨15.000⟩（直径(D) 出力(O)=サーフェス 形状調整(S)=*部分* し |

開始半径を「**15**」、終了半径を「**15**」と入力して[Enter]キーを押します。
さらに、次の半径を指定する点を設定するよう指示が出ますが、指定する必要がないので再度[Enter]キーを押します。

半径15mmのパイプ状の手摺りが作成されます。

以上で、手摺りのある階段のモデルの完成です。

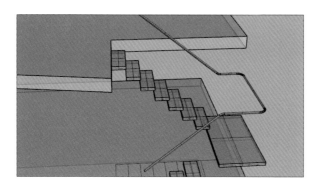

HINT

サブレイヤの利用

レイヤを他のレイヤの下にドラッグすると、サブレイヤにすることができます。レイヤの構成をグループで分ける際に用います。

CHAPTER 1
CHAPTER 2
CHAPTER 3
CHAPTER 4
CHAPTER 5
CHAPTER 6
CHAPTER 7
CHAPTER 8
CHAPTER 9
CHAPTER 10

7-08 曲面に沿った階段

使用ファイル | 7-8_曲面に沿った階段.3dm

本項では、サーフェスに沿ってオブジェクトを変形させて曲面に沿った階段（らせん階段）のモデルを作成します。平面上の作図からオブジェクトを作成する方法や、ヒストリ機能を用いた形状スタディの方法を学んでいきます。

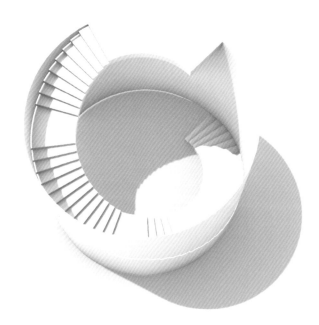

コマンド FlowAlongSrf

ベースサーフェスを基に対象サーフェスに沿ってオブジェクトを変形させるコマンド

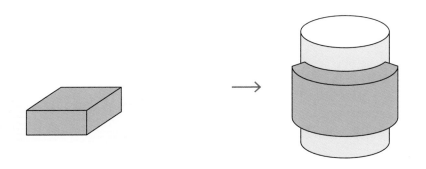

以下の3種類のいずれかの方法でコマンドを実行します。

コマンド	アイコン	メニュー
FlowAlongSrf		［変形］→［サーフェスに沿ってフロー変形］

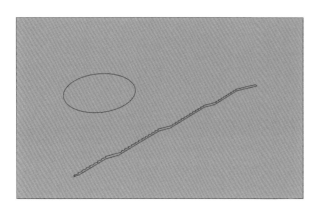

1

曲面に沿った階段（らせん階段）をモデリングしていきます。

初めに、サンプルファイルを収めたフォルダ内の「**7-8_曲面に沿った階段.3dm**」を開きます。円形の曲線と階段の断面となる曲線が用意されています。

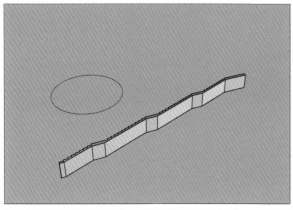

押し出し距離 ⟨1200⟩ (出力(Q)=サーフェス 方向(D) 両方向(B)=いいえ ソリッド(S)=はい

2

階段を押し出します。

階段の曲線を選択して、[ExtrudeCrv]コマンドを実行します。

[**両方向（B）＝いいえ**]
[**ソリッド（S）＝はい**]
となっていることを確認します。

コマンドラインに「**1200**」と入力して、[Enter]キーを押します。

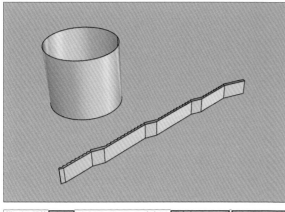

押し出し距離 ⟨5040⟩ (出力(Q)=サーフェス 方向(D) 両方向(B)=いいえ ソリッド(S)=いいえ

3

円を押し出して、らせん階段を配置するための曲面を作成していきます。
円の曲線を選択して、[ExtrudeCrv]コマンドを実行します。

[**両方向（B）＝いいえ**]
[**ソリッド（S）＝いいえ**]
となっていることを確認します。

コマンドラインに「**5040**」と入力して、[Enter]キーを押します。

CHAPTER 1
CHAPTER 2
CHAPTER 3
CHAPTER 4
CHAPTER 5
CHAPTER 6
CHAPTER 7
CHAPTER 8
CHAPTER 9
CHAPTER 10

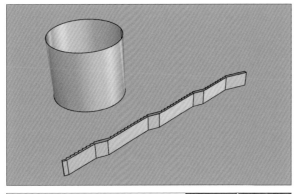

`展開するサーフェスまたはポリサーフェスを選択` `分解(E)=はい` `番号(L)=はい`

4

[UnrollSrf]コマンドを実行します。

[分解(E)＝はい]
[番号(L)＝はい]
となっていることを確認します。

コマンドラインに「**展開するサーフェスまたはポリサーフェスを選択**」と表示されるので、先程押し出した円柱を選択して、[**Enter**]キーを押します。

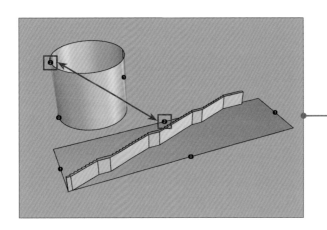

円柱のサーフェスが展開されました。
[番号(L)＝はい]としたことで、展開前と展開後のサーフェスのそれぞれの辺に対応する番号が振られています。

— HINT —

立体オブジェクトから展開図作成

[UnrollSrf]コマンドは、立体オブジェクトの各面を1つの平面に展開したいときに使います。多角形状の3Dモデルから展開図を作成する際などに便利です。

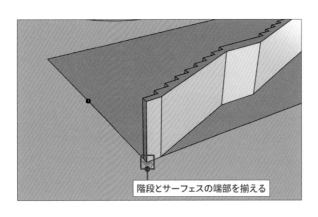

`階段とサーフェスの端部を揃える`

階段の端部が展開された円柱のサーフェスの端部と揃っていることを確認します。
ここが、らせん階段の最下部になります。

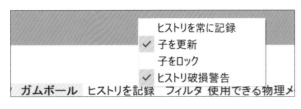

5

変形をスタディするために、曲面ヒストリ機能を利用してパイプを変形させます。

ステータスバーの[**ヒストリを記録**]をオンにして、右クリックします。[**子を更新**]にチェックが入っていることを確認します。

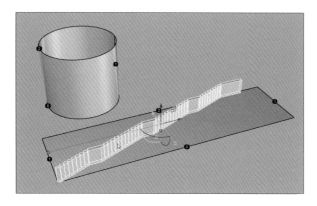

6

[FlowAlongSrf]コマンドを実行します。
「**サーフェスに沿ってフロー変形するオブ
ジェクトを選択**」と表示されるので、押し出
した階段を選択して、[Enter]キーを押しま
す。

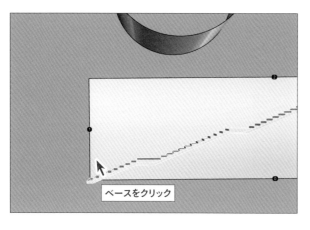

ベースをクリック

コマンドオプションが
[コピー（C）＝はい]
[元の形状を維持（B）＝いいえ]
[拘束法線（O）＝いいえ]
[自動調整（A）＝はい]
となっていることを確認します。

「**ベースサーフェス-コーナー近くのエッジを
選択**」と表示されるので、展開されたサー
フェスの辺❶下部近くをクリックします。

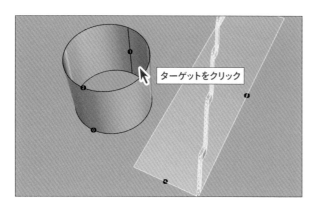

ターゲットをクリック

「**ターゲットサーフェス-合わせるコーナー近
くのエッジを選択**」と表示されるので、円柱
の内側の辺❶下部近くをクリックします。

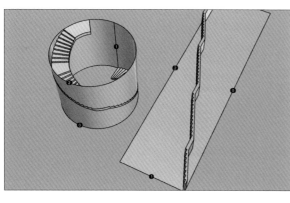

円柱の内側に沿って階段がらせん状に変形
しました。

CHAPTER 1
CHAPTER 2
CHAPTER 3
CHAPTER 4
CHAPTER 5
CHAPTER 6
CHAPTER 7
CHAPTER 8
CHAPTER 9
CHAPTER 10

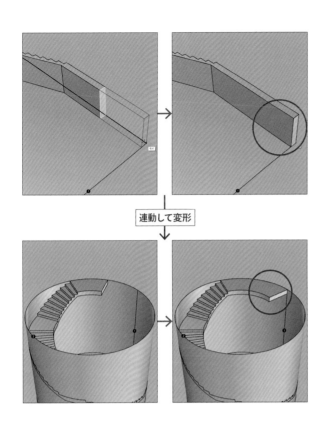

連動して変形

7

形状を検討します。

ヒストリ機能によって［FlowAlongSrf］コマンドが記録されているので、階段の形状を変えると、連動して変形先も変化します。

［MoveFace］コマンドを実行して、変形前の階段の最上段を展開されたサーフェスの端まで引き伸ばします。

変形先のらせん階段が円柱を一周するように延長されました。

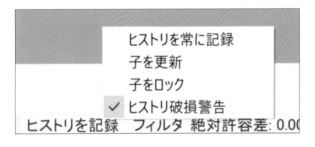

8

形状が決定したら、ヒストリ記録を終了します。ステータスバーの［**ヒストリを記録**］上で右クリックして［**子を更新**］のチェックを外すと、ヒストリの記録が終了します。

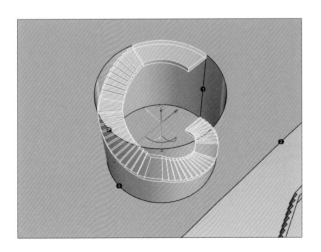

以上で、曲面に沿った形状の階段（らせん階段）のモデルが完成します。

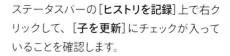

応用してみる 開口部の形状スタディ

開口部の形状スタディを、[FlowAlongSrf]コマンドと110ページで学んだヒストリ機能を用いて行う方法を紹介します。

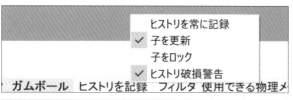

ステータスバーの[ヒストリを記録]上で右クリックして、[子を更新]にチェックが入っていることを確認します。

[ヒストリを記録]上でクリックして、記録をオン状態にします。

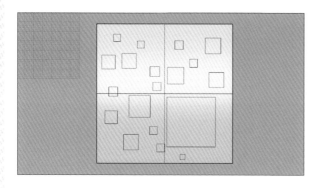

[FlowAlongSrf]コマンドを実行して、左図の平面に描かれた開口の曲線を立方体の一面に貼り付けます。

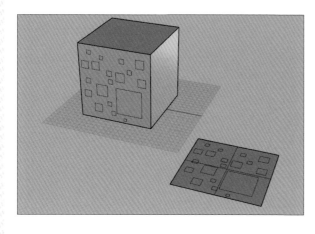

これで、[FlowAlongSrf]の操作が記録されています。

元の曲線を編集すると、それに連動して立体に貼り付けた曲線も更新されていきます。

CHAPTER 1
CHAPTER 2
CHAPTER 3
CHAPTER 4
CHAPTER 5
CHAPTER 6
CHAPTER 7
CHAPTER 8
CHAPTER 9
CHAPTER 10

建築実習／実践的なオブジェクトをつくる

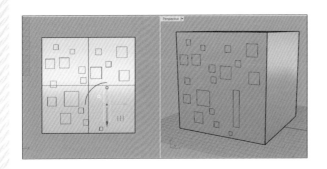

ヒストリ機能の利用方法として、[Perspective]ビューで立体の形状を確認しながら[Top]ビューで平面的に形状を編集することができます。

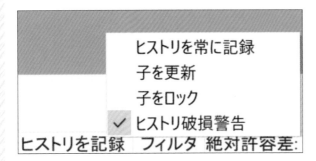

ステータスバーの[ヒストリを記録]上で、右クリックして、[子を更新]のチェックを外すと、ヒストリの記録が終了されます。

または、ヒストリの記録で変形先のオブジェクトに他のコマンドで変形を加えたり、移動したりして連携が保てなくなると、強制的にヒストリの記録が終了されます。

```
コマンド: #FlowAlongSrf
サーフェスに沿ってフロー変形するオブジェクトを選択:
```

※[#(コマンド名)]とコマンドラインに入力すると、ヒストリの記録を開始することができます。同様に[%(コマンド名)]と入力すると、ヒストリの記録を停止させることができます。

例えば、[#FlowAlongSrf]と入力することで、ヒストリの記録を開始すると共に、コマンドを実行することができます。

建築モデリングに役立つ
作業・編集コマンド

本章では、作成したモデルに対して修正・変更を
加える際に役立つコマンドを学習していきます。

8-01 オブジェクトの非表示・表示

使用ファイル │ 8_役立つコマンド.3dm

コマンド 〉 Hide

選択したオブジェクトを一時的に非表示にするコマンド

作成するオブジェクトが複雑になってきた場合などには、[Hide]コマンドを用いて適宜オブジェクトを非表示にすることで作業性を高めることができます。

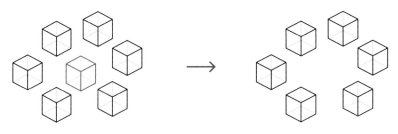

以下の3種類のいずれかの方法でコマンドを実行します。

コマンド	アイコン	メニュー
Hide	💡	[編集]→[表示]→[非表示]

コマンド 〉 Show

非表示状態のオブジェクトを表示するコマンド

非表示にしているオブジェクトは[Show]コマンドを使うことで、再び表示させることができます。

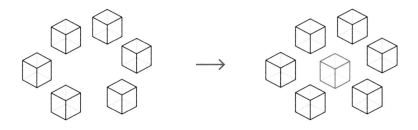

以下の3種類のいずれかの方法でコマンドを実行します。

コマンド	アイコン	メニュー
Show	💡	[編集]→[表示]→[表示]

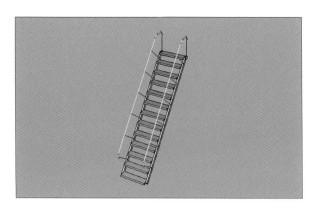

1

サンプルファイルを収めたフォルダ内の「**8_役立つコマンド**.3dm」を開きます。階段オブジェクトが用意されています。

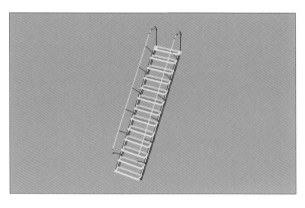

2

手摺りのモデリングをする際、踏面があると作業がしにくいので、一時的に非表示にします。

踏面を選択して、[Hide]コマンドを実行します。

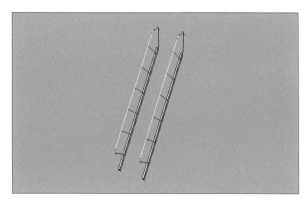

面が非表示になり、モデリングがしやすくなりました。

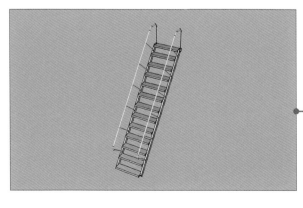

3

[Show]コマンドを実行すると、すべての非表示オブジェクトが再び表示されて、編集できるようになります。

―― HINT ――

選択した非表示オブジェクトを再表示

[ShowSelected]コマンドを実行すると、一時的にすべての非表示オブジェクトが表示されます。表示したいオブジェクトを選択して、[Enter]キーを押すと再表示されるので、再び編集が可能になります。

CHAPTER 1
CHAPTER 2
CHAPTER 3
CHAPTER 4
CHAPTER 5
CHAPTER 6
CHAPTER 7
CHAPTER 8
CHAPTER 9
CHAPTER 10

8-02 # オブジェクトのロック・解除

使用ファイル｜8_役立つコマンド.3dm

コマンド 〉 **Lock**

選択したオブジェクトにロックをかけるコマンド

オブジェクトに対して［Lock］コマンドを用いることで、選択や編集ができないようになります。完成して変更を加えたくないものや、複雑なモデリングで一部選択したくないオブジェクトがあるときなどに用います。

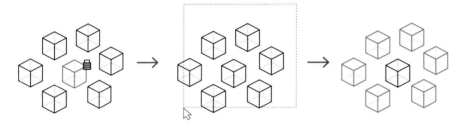

以下の3種類のいずれかの方法でコマンドを実行します。

コマンド	アイコン	メニュー
Lock	🔒	［編集］→［表示］→［ロック］

コマンド 〉 **Unlock**

オブジェクトのロックを解除するコマンド

［Unlock］コマンドで解除されて、再び選択や編集ができるようになります。

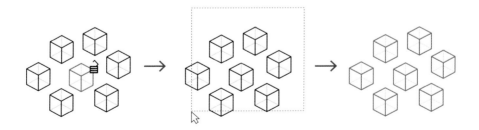

以下の3種類のいずれかの方法でコマンドを実行します。

コマンド	アイコン	メニュー
Unlock	🔓	［編集］→［表示］→［ロック解除］

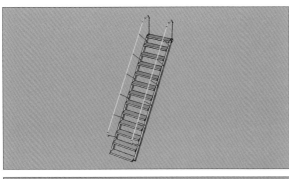

1

サンプルファイルを収めたフォルダ内の「8_役立つコマンド.3dm」を開きます。階段オブジェクトが用意されています。

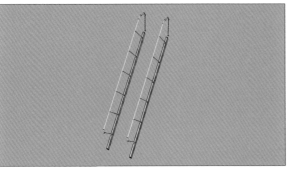

2

踏面を非表示にしたいので、踏面を選択して、[Hide]コマンドを実行します。

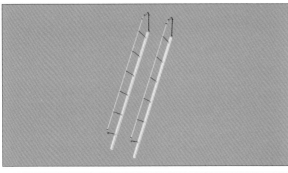

3

手摺りのモデリングをするに当たり、桁のモデルが編集されてしまうと作業が行いにくいので、桁オブジェクトを選択して、[Lock]コマンドを実行します。

オブジェクトはロックされると濃いグレーに変わり、編集ができないようになります。

手摺り以外は選択されないので、作業がしやすくなりました。

4

[Unlock]コマンドを実行すると、すべてのオブジェクトのロックが解除されて、再び編集できるようになります。

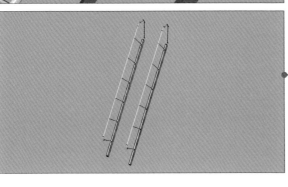

--- HINT ---

選択したオブジェクトのロックを解除

[UnlockSelected]コマンドを実行すると、一時的にロックされたすべてのオブジェクトが表示されます。ロックを解除したいオブジェクトを選択して、[Enter]キーを押すとロックが解除されるので、再び編集が可能になります。

CHAPTER 1
CHAPTER 2
CHAPTER 3
CHAPTER 4
CHAPTER 5
CHAPTER 6
CHAPTER 7
CHAPTER 8
CHAPTER 9
CHAPTER 10

8-03 重複オブジェクトの選択

使用ファイル｜8_役立つコマンド.3dm

コマンド 〉 **SelDup**

幾何学的に形状、位置が同じ重複したオブジェクトを見つけて選択するコマンド

モデリングの過程で、同じオブジェクトが重なって存在してしまうことがあります。［SelDup］コマンドを用いて重複オブジェクトを選択して、削除すれば重複している一方を無くすことができます。

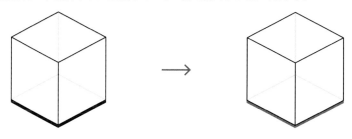

以下の3種類のいずれかの方法でコマンドを実行します。

コマンド	アイコン	メニュー
SelDup	🔲	［編集］→［オブジェクトを選択］→［重複オブジェクト］

コマンド 〉 **SelDupAll**

幾何学的に形状、位置が同じ重複オブジェクトを見つけて、元オブジェクトと共にすべて選択するコマンド

［SelDup］コマンドは元オブジェクトを残して重複オブジェクトを選択するものですが、［SelDupAll］コマンドは元オブジェクトも一緒に選択します。変更後のオブジェクトを探すときなどに便利です。

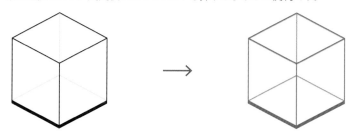

以下の2種類のいずれかの方法でコマンドを実行します。

コマンド	アイコン	メニュー
SelDupAll	🔲 右クリック	**メニューから実行不可**

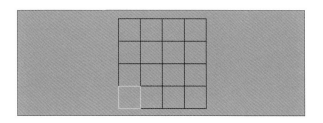

1

サンプルファイルを収めたフォルダ内の「**8_役立つコマンド.3dm**」を開きます。正方形の曲線が縦横4つずつ並んだ図形が用意されています。

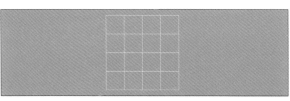

2

曲線をすべて選択して、[Explode]コマンドを実行します。

正方形が、それぞれ線分に分解されますが、重なっていた部分の線分が重複してしまっています。

24個の重複オブジェクトが見つかりました。24個の曲線を選択に追加しました。重複選択はモデル空間からのみです。

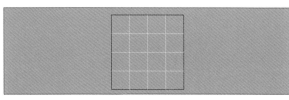

3

[SelDup]コマンドを実行すると、重複しているオブジェクトを選択できます。

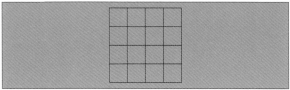

選択した状態のまま[Hide]コマンドを実行すると、線分の重複が非表示になったことが確認できます。

48個の重複オブジェクトが見つかりました。48個の曲線を選択に追加しました。重複選択はモデル空間からのみです。

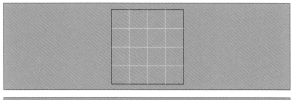

4

[Show]コマンドを実行して、再び重複した状態にします。

今度は、何も選択せずに[SelDupAll]コマンドを実行すると、元オブジェクトを含めて重複しているすべてのオブジェクトが選択されます。

選択された状態で[Delete]キーを押して削除すると、重複していない外枠のみが残ります。

CHAPTER 1
CHAPTER 2
CHAPTER 3
CHAPTER 4
CHAPTER 5
CHAPTER 6
CHAPTER 7
CHAPTER 8
CHAPTER 9
CHAPTER 10

知っておこう | **許容差の設定**

[SelDup]［Join］コマンドを使用しても何も起こらない。そんなときは「許容差の設定」を変更してみます。「許容差」とは物体同士が十分に近いとみなされる最大距離を示しており、この設定を変更することで小さな隙間を無視してオブジェクト編集を行うことができます。[SelDup]の他にも[Intersect]［Split］[OffsetSrf]［Join］やブール演算など物体の公差を判定に使う操作では、「許容差の設定」を変更することで望んだ結果を得られる場合があるので活用してください。

1

[Rhinoオプション]、または[ドキュメントのプロパティ]を開き、[単位]の項目を開きます。

2

[単位と許容差]の中にある[絶対許容差]の値を変更します。

デフォルトの値は「0.001mm」です。どの程度の数値に変更すべきかはその時々によって変わるため、最適な数値を見つけ出しましょう。

3

操作を実行後、許容差を元の値に戻します。

Rhinoは他のCADと比べてデフォルトでの許容差が小さく設定されていますが、これは正確な数値でのモデリングを維持するためです。許容差の値を大きくしたまま作業を続けると、寸法の間違った図面が出来上がりかねないので、操作後は必ず元の値に戻すように心がけてください。

CHAPTER 1

CHAPTER 2

CHAPTER 3

CHAPTER 4

CHAPTER 5

CHAPTER 6

CHAPTER 7

CHAPTER 8

CHAPTER 9

CHAPTER 10

8-04 オブジェクトから面を抽出

使用ファイル｜8_役立つコマンド.3dm

コマンド ExtractSrf

オブジェクトから任意の面を分離、または複製するコマンド

あるオブジェクトから、他を結合させたままで一面を取り出す場合や、面を複製したい場合に用います。

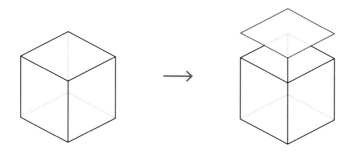

以下の3種類のいずれかの方法でコマンドを実行します。

コマンド	アイコン	メニュー
ExtractSrf		[ソリッド]→[サーフェスを抽出]

下図のモデルのように、棚の外枠に棚板と仕切りを設けるモデリングを通して、コマンドの使い方を学んでいきます。

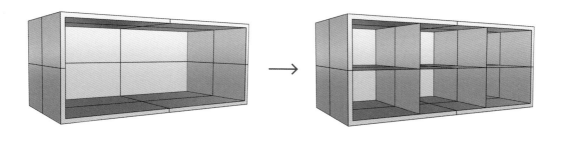

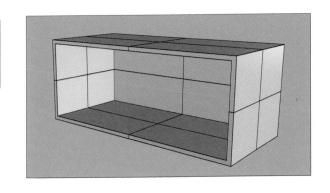

1
サンプルファイルを収めたフォルダ内の「8_
役立つコマンド.3dm」を開きます。棚の外
枠オブジェクトが用意されています。

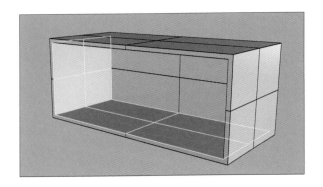

抽出するサーフェスを選択（出力レイヤ(Q)=*元のオブジェクトのレイヤ* ｜コピー(C)=*はい*｜

2
［ExtractSrf］コマンドを実行します。

「**抽出するサーフェスを選択**」では、内側の
底面と側面を左図のように選択します。
コマンドラインが、［**コピー（C）＝はい**］と
なっていることを確認して、［Enter］キーを押
します。

［**コピー（C）＝いいえ**］になっている場合は、
［**コピー**］をクリック、または「**C**」と入力して
［Enter］キーを押します。

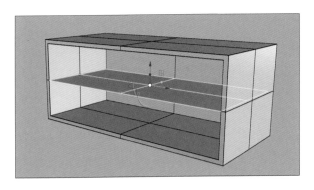

3
ガムボールなどを用いて複製された底面を
任意の高さ持ち上げます。

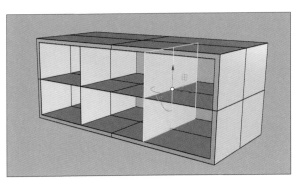

側面も同様に任意の横位置に移動します。
必要に応じてコピーして増やします。

CHAPTER 1
CHAPTER 2
CHAPTER 3
CHAPTER 4
CHAPTER 5
CHAPTER 6
CHAPTER 7
CHAPTER 8
CHAPTER 9
CHAPTER 10

8-05 オブジェクトの回転・移動

使用ファイル｜8_役立つコマンド.3dm

コマンド **Orient3Pt**

3つの参照点と3つのターゲット点を指定してオブジェクトを移動させるコマンド

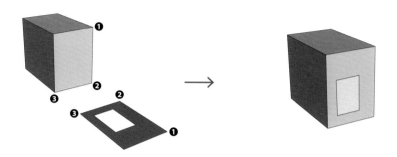

以下の3種類のいずれかの方法でコマンドを実行します。

コマンド	アイコン	メニュー
Orient3Pt	◈	[変形]→[配置]→[3点指定]

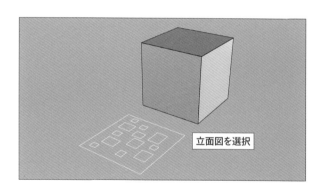

立面図を選択

1
サンプルファイルを収めたフォルダ内の「8_役立つコマンド.3dm」を開きます。オブジェクトと立面図が用意されています。

外壁の開口部を作成します。

外壁上に平面上で作成した立面図を配置していきます。
[Orient3Pt]コマンドを実行します。立面図を選択して[Enter]キーを押します。

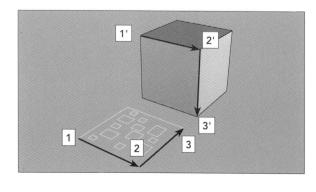

2
1〜3、1'〜3'の順で、基準となる点を指定していきます。
まずは配置したいオブジェクト(立面図)の参照点を設定します。

257

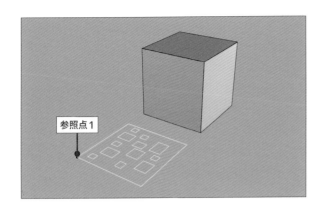

参照点を1〜3までクリックして選択していきます。

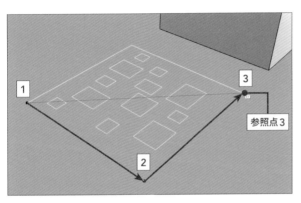

立面図の角を基点（参照点1）として、その他の角を参照点2、参照点3の順にそれぞれクリックします。

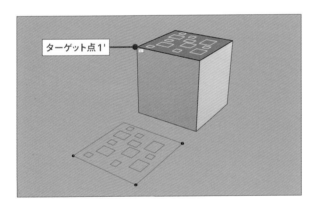

次に、参照点1〜3の点に対応する、外壁上のターゲット点を1'〜3'の順で選択します。

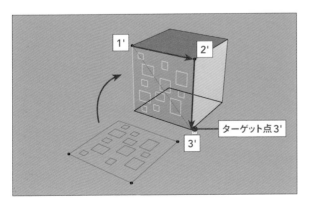

配置したいオブジェクト（立面図）が対象として選んだ外壁上に移動します。

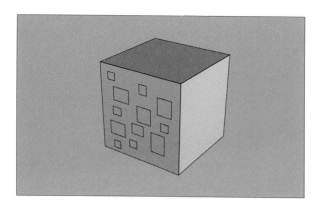

3

1〜3と1'〜3'が対応する格好で、外壁上
に立面図が配置されました。

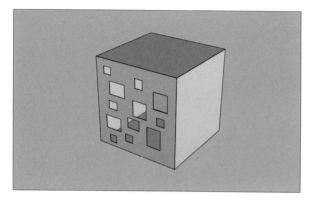

4

［Split］コマンドで開口部を作成すれば完成
です。

CHAPTER 1
CHAPTER 2
CHAPTER 3
CHAPTER 4
CHAPTER 5
CHAPTER 6
CHAPTER 7
CHAPTER 8
CHAPTER 9
CHAPTER 10

8-06 オブジェクトの境界線を抽出

コマンド 〉 DupBorder

オブジェクトの境界線から曲線を作成するコマンド

オブジェクトの境界部（オープンエッジ）を曲線オブジェクトとして抽出したい場合に用います。

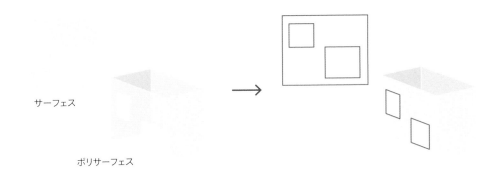

サーフェス

ポリサーフェス

以下の3種類のいずれかの方法でコマンドを実行します。

コマンド	アイコン	メニュー
DupBorder		[曲線]→[オブジェクトから曲線を作成] →[境界曲線を複製]

下図のモデルのように、開口部のあいたオブジェクトに窓ガラスの面（サーフェス）を付けるモデリングを通して、コマンドの使い方を練習します。

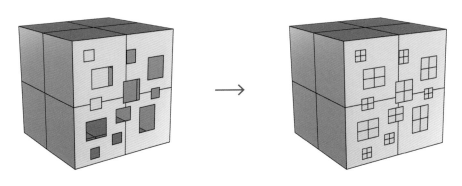

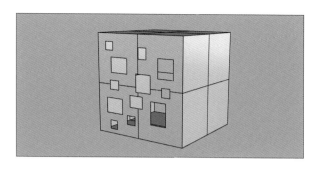

1

サンプルファイルを収めたフォルダ内の「**8_役立つコマンド.3dm**」を開きます。開口部のあいた立方体が用意されています。

この開口部に窓ガラスの面のサーフェスを付けていきます。

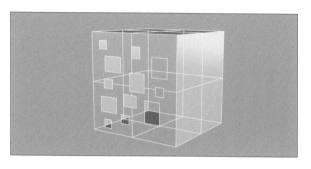

2

開口部の曲線を抽出します。

立方体サーフェスを選択して、[DupBorder]コマンドを実行します。

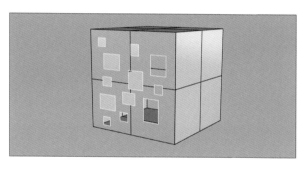

開口部の曲線が抽出されました。

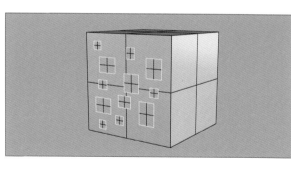

3

曲線から面を作成します。

曲線が選択された状態のまま、[PlanarSrf]コマンドを実行します。

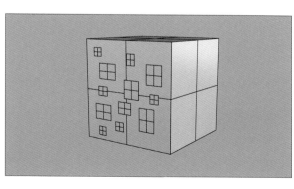

各開口部に一度に面が作成されました。

CHAPTER 1
CHAPTER 2
CHAPTER 3
CHAPTER 4
CHAPTER 5
CHAPTER 6
CHAPTER 7
CHAPTER 8
CHAPTER 9
CHAPTER 10

8-07 オブジェクトの輪郭曲線を抽出

使用ファイル｜8_役立つコマンド.3dm

コマンド〉 Silhouette

オブジェクトの輪郭曲線を作成するコマンド

オブジェクトの輪郭曲線を曲線オブジェクトとして抽出したい場合に用います。

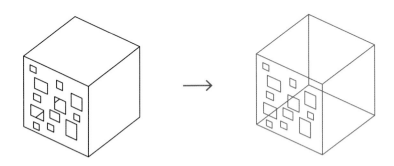

以下の3種類のいずれかの方法でコマンドを実行します。

コマンド	アイコン	メニュー
Silhouette	🧊	[曲線]→[オブジェクトから曲線を作成] →[シルエット]

下図のモデルのように、開口部のあいたオブジェクトの輪郭曲線を抽出して、コマンドの使い方を練習します。

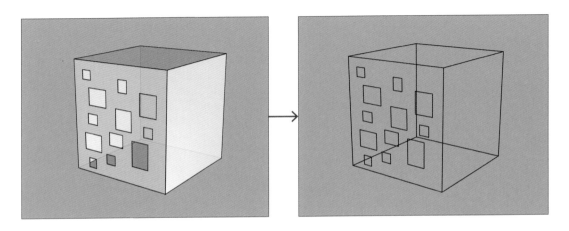

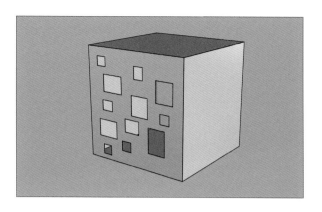

1

サンプルファイルを収めたフォルダ内の「**8_ 役立つコマンド**.**3dm**」を開きます。開口部の あいた立方体が用意されています。

この立方体の輪郭曲線を抽出します。

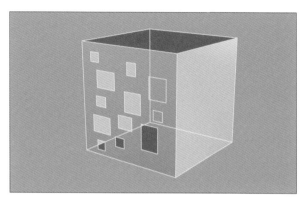

2

立方体サーフェスを選択して、[**Silhouette**] コマンドを実行します。

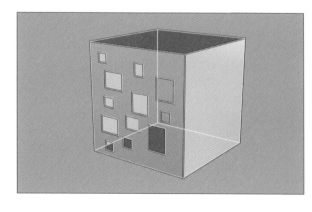

3

オブジェクトの輪郭曲線が抽出されました。

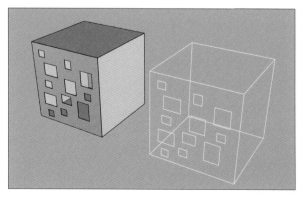

曲線を移動すると、輪郭曲線が抽出された ことが分かります。

CHAPTER 1

CHAPTER 2

CHAPTER 3

CHAPTER 4

CHAPTER 5

CHAPTER 6

CHAPTER 7

CHAPTER 8

CHAPTER 9

CHAPTER 10

8-08 オブジェクトのエッジを抽出

使用ファイル | 8_役立つコマンド.3dm

コマンド 〉 **DupEdge**

オブジェクトのエッジを曲線として抽出するコマンド

オブジェクトから抽出したエッジ曲線を用いて、エッジと整合性がとれたオブジェクトを別に作成できます。

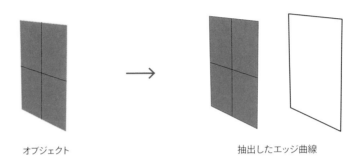

オブジェクト　　　　　　　　　　　　　抽出したエッジ曲線

以下の3種類のいずれかの方法でコマンドを実行します。

コマンド	アイコン	メニュー
DupEdge		[曲線]→[オブジェクトから曲線を作成] →[エッジの曲線を複製]

下図のモデルのように、スロープのエッジから手摺りを作成するモデリングを通して、コマンドの使い方を練習します。

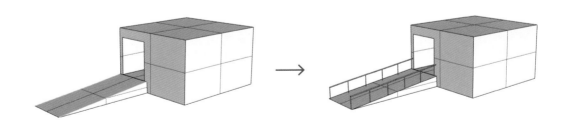

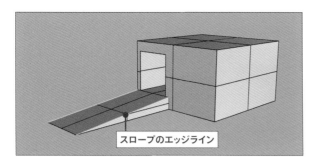

スロープのエッジライン

1

サンプルファイルを収めたフォルダ内の「**8_役立つコマンド.3dm**」を開きます。左図のようなオブジェクトが用意されています。

[DupEdge]コマンドを実行すると、「**複製するエッジを選択**」とコマンドラインに表示されるので、スロープのエッジラインを2本クリックして選択します。

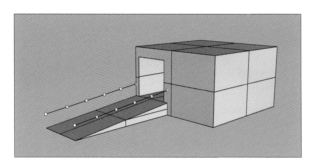

800

2

[Enter]キーを実行するとエッジが曲線として抽出されます。

曲線を選択状態にしたまま、ガムボールを用いて**Z軸方向**に「**800**」移動します。

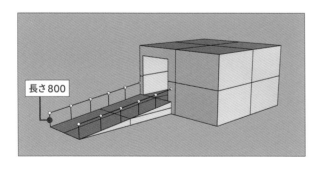

3

手摺りの支柱の基準点を作成します。

曲線上に等間隔に点を配置する[Divide]コマンドを実行します。セグメントの数を「**5**」と入力して[Enter]キーを押すと、手摺り上に点が配置されます。

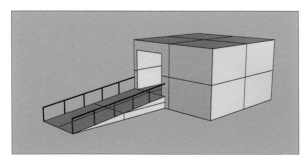

長さ800

4

支柱を作成します。

[Line]コマンドを用いて、長さ「**800**」の直線を作成した後、先程作成した基準点を利用して[Copy]コマンドで、5カ所に配置します。

5

厚みのついた手摺りを作成します。

[Pipe]コマンドを実行します。手摺りと支柱のそれぞれの曲線から半径「**3**」のパイプを作成すれば完成です。

※[Pipe]コマンドの詳しい説明はCHAPTER7-07を参照してください。

CHAPTER 1
CHAPTER 2
CHAPTER 3
CHAPTER 4
CHAPTER 5
CHAPTER 6
CHAPTER 7
CHAPTER 8
CHAPTER 9
CHAPTER 10

2つの曲線の間に曲線を作成

使用ファイル | 8_役立つコマンド.3dm

コマンド > **TweenCurves**

2つの曲線の間にその中間となるような曲線を任意の数作成するコマンド

曲線の間に等間隔に曲線を作成したい場合に用います。2曲線の形状が異なっていてもスムーズにつなぐことができるので、間隔の大きい等高線の間に新たな等高線を作成するときなどに便利です。

以下の3種類のいずれかの方法でコマンドを実行します。

コマンド	アイコン	メニュー
TweenCurves		[曲線]→[トゥイーン]

下図のモデルのように、5m間隔の等高線の間に疑似的に1m間隔の等高線を作成することを通して、コマンドの使い方を練習します。

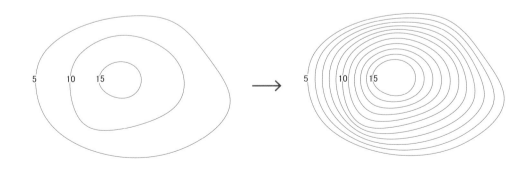

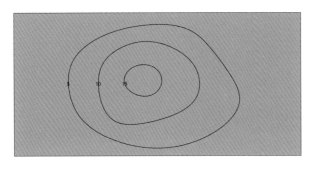

CHAPTER 1
CHAPTER 2
CHAPTER 3
CHAPTER 4
CHAPTER 5
CHAPTER 6
CHAPTER 7
CHAPTER 8
CHAPTER 9
CHAPTER 10

1

サンプルファイルを収めたフォルダ内の「**8_役立つコマンド.3dm**」を開きます。等高線オブジェクトが用意されています。

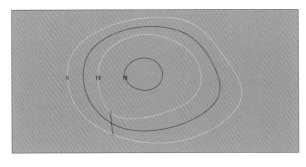

2

[TweenCurves]コマンドを実行します。

「**開始および終了曲線を選択**」とコマンドラインに表示されるので、5mと10mの等高線を選択します。選択すると、作成される曲線のプレビューが表示されます。
問題がなければ、[**Enter**]キーで完了します。

※プレビューで予想外の形状が表示されている場合は、再度、点をクリックすると、正しく表示されます。

ここでは間に4本の線を作成したいので、コマンドラインに「**4**」と入力して[**Enter**]キーを押すと、プレビューに示される線が4本に変わります。

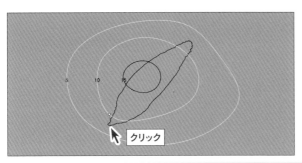

クリック

オプションを変更しない場合はEnterを押します (数(N)=*1* 出力レイヤ(O)=*現在のレイヤ* マッチング方法(M)=*再フィット* 反転(E)) 4

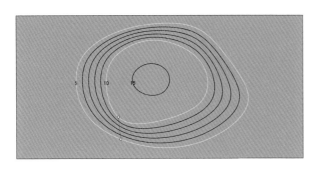

3

10mと15mの等高線の間でも同様の操作をします。

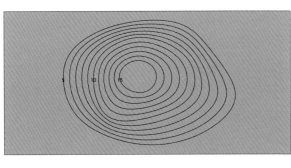

8-10 オブジェクトを接続する曲線を作成

使用ファイル｜8_役立つコマンド.3dm

コマンド **BlendCrv**

曲線間、サーフェスエッジ間、曲線とサーフェスエッジ間などをつなぐ曲線をより詳細な設定で作成するコマンド

オブジェクト同士を滑らかに接続したいときに用います。接戦連続や曲率連続など、連続の仕方や形状を細かく設定することができます。

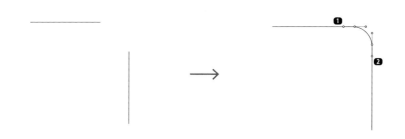

以下の3種類のいずれかの方法でコマンドを実行します。

コマンド	アイコン	メニュー
BlendCrv	左クリック	[曲線]→[ブレンド]→[曲線ブレンド(調整)]

下図のモデルのように、途切れている等高線を滑らかに接続することを通して、コマンドの使い方を練習します。

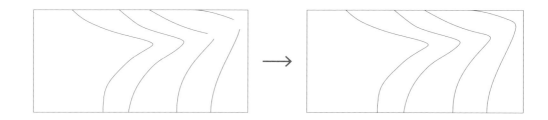

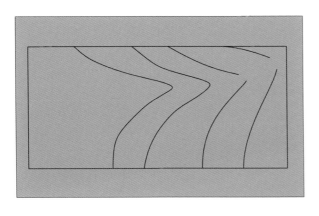

CHAPTER 1

CHAPTER 2

CHAPTER 3

CHAPTER 4

CHAPTER 5

CHAPTER 6

CHAPTER 7

CHAPTER 8

CHAPTER 9

CHAPTER 10

1
サンプルファイルを収めたフォルダ内の「8_
役立つコマンド.3dm」を開きます。等高線オ
ブジェクトが用意されています。

ブレンドする曲線を選択 (エッジ(E) ブレンド始点(B)=*曲線端点* 点(P) 編集(D))

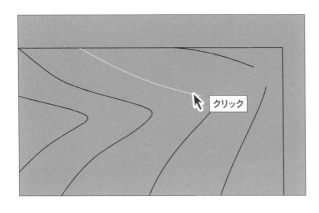

クリック

2
[BlendCrv]コマンドを実行します。

「**ブレンドする曲線を選択**」とコマンドライン
に表示されるので、接続する曲線を1本ず
つ選択します。

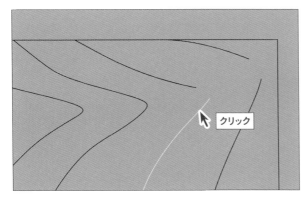

クリック

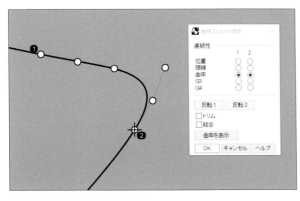

3
左図のような接続オプションが表示されま
す。

[BlendCrv]コマンドでは、曲線選択後に
連続性と形状を変更することができます。
ここでは、曲率接続に設定します。

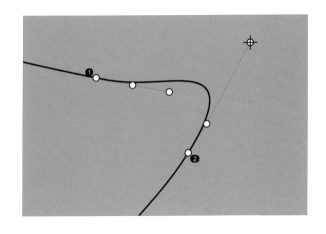

4

形状を変えたい場合は、制御点をクリックして移動します。制御点を移動することで、曲線の連続性を保ったまま、変形することができます。

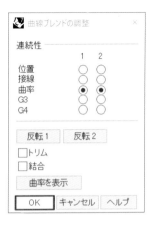

5

形状が決まったら、[OK] をクリックして完了します。

6

曲線が滑らかに接続されました。

残りの曲線に対しても、同様の操作を行います。

CHAPTER 1
CHAPTER 2
CHAPTER 3
CHAPTER 4
CHAPTER 5
CHAPTER 6
CHAPTER 7
CHAPTER 8
CHAPTER 9
CHAPTER 10

知っておこう 連続性の設定

[Blend]や[BlendCrv]のようにオブジェクト同士を滑らかに接続するコマンドでは、接続の際の連続性を設定する場合があります。

Rhinoには、下記の5種類の連続性の設定があり、数字が上がるほど滑らかな接続になります。

ただし、ここで設定する滑らかさはあくまでも数学的なものであるため、意匠的に美しい形状とは限りません。必要な連続性と意匠性の両方を考慮して選択します。

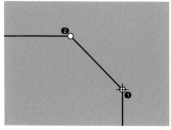

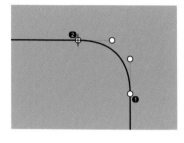

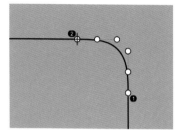

❶位置(G0)連続
端点の位置のみ固定されています。

❷接線(G1)連続
端点の位置とその次の制御点が直線上に拘束されます。接続する曲線と、元の曲線の接線方向が同じです。

❸曲率(G2)連続
接線連続に加えて、端点において同じ曲率半径になるように3つ目の制御点も拘束されます。

基本的に上記の曲率連続までが頻繁に用いられるものです。下記の曲線連続は、高い次数の曲線を扱うときなど特殊な場合に用います。

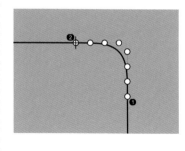

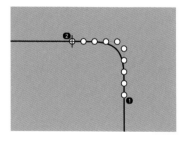

❹G3連続
曲率連続に加えて、ある点で半径が同じ割合で加速するように4つ目の制御点も拘束されます。

❺G4連続
G3連続に加えて、曲率の加速が3方向で同じになるように5つ目の制御点も拘束されます。

8-11 オブジェクトの交差を抽出

使用ファイル | 8_役立つコマンド.3dm

コマンド Intersect

オブジェクト同士が交差する部分に点や線を作成するコマンド

交差する部分をオブジェクトとして抽出したい場合や、オブジェクトが交差している場所を明確にしたい場合などに用います。

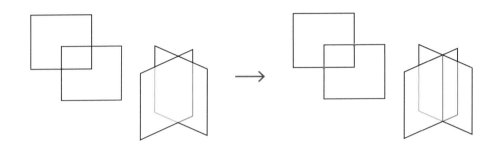

以下の3種類のいずれかの方法でコマンドを実行します。

コマンド	アイコン	メニュー
Intersect	▶	[曲線]→[オブジェクトから曲線を作成]→[交線]

建築物の設計では、通芯と呼ばれるガイドラインを引き、それを基準に寸法や柱の位置などを決めていきます。部材の設置や寸法の割り出しなどに交点を多用するので、点としてあらかじめ配置しておくと便利です。

下図モデルのように、通芯の交点に点を配置することを通してコマンドを練習します。

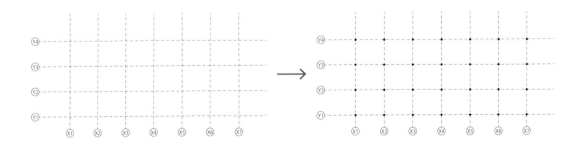

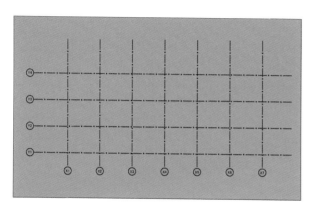

1

サンプルファイルを収めたフォルダ内の「**8_役立つコマンド.3dm**」を開きます。通芯オブジェクトが用意されてます。

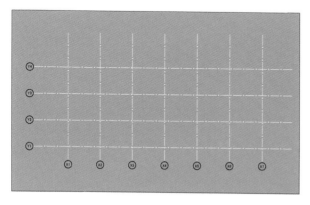

2

[Intersect]コマンドを実行します。

「**交差するオブジェクトを選択**」とコマンドラインに表示されるので、通芯の線をすべて選択して、[Enter]キーを押します。

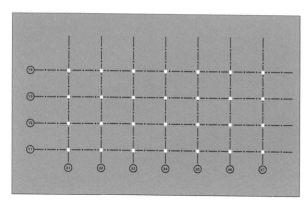

交点が点オブジェクトとして抽出されました。

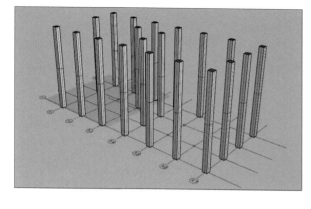

3

点を基準に柱などを配置することができます。

CHAPTER 1
CHAPTER 2
CHAPTER 3
CHAPTER 4
CHAPTER 5
CHAPTER 6
CHAPTER 7
CHAPTER 8
CHAPTER 9
CHAPTER 10

知っておこう # 自己交差の洗い出し

曲線の交差に関するコマンドとして、曲線の自己交差を見つける[IntersectSelf]コマンドがあります。
自己交差とは、曲線がねじれている部分のことで、正確なモデリングに支障をきたす場合があります。
そこで[IntersectSelf]コマンドによって自己交差部分を見つけて修正を行うことで、正確にモデルを作成することができます。

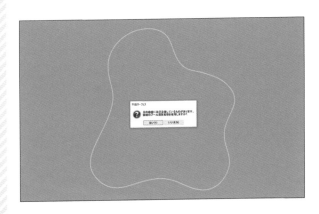

1
今回は左図のような自己交差が生じている
曲線を用いて説明します。

[PlanarSrf]コマンドを実行します。
本来であれば面が作成されますが、左図の
ように注意が表示されます。
このような曲線には自己交差が生じている
ので、正確にサーフェスを作成することがで
きません。

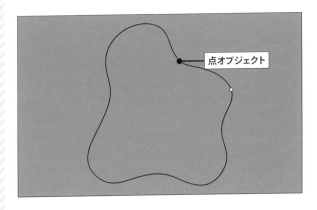

点オブジェクト

2
問題を改善するため、自己交差の存在する
曲線に対して[IntersectSelf]コマンドを実
行します。

曲線内の自己交差を見つけて、その部分に
点オブジェクトで印をつけてくれます。

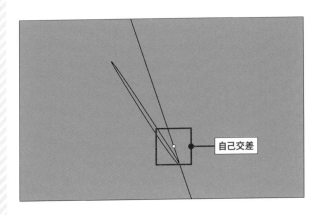

自己交差

作成された点オブジェクト付近を拡大すると
自己交差をしている部分が確認できます。

ここから曲線を編集していき、自己交差の
解消された正確なモデルを作成することに
役立てます。

CHAPTER 1
CHAPTER 2
CHAPTER 3
CHAPTER 4
CHAPTER 5
CHAPTER 6
CHAPTER 7
CHAPTER 8
CHAPTER 9
CHAPTER 10

8-12 オブジェクトの法線方向を表示・変更

使用ファイル｜8_役立つコマンド.3dm

コマンド〉 **Dir**

オブジェクトの法線方向を表示・変更するコマンド

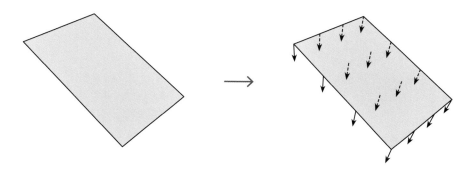

以下の3種類のいずれかの方法でコマンドを実行します。

コマンド	アイコン	メニュー
Dir		[解析]→[方向]

コマンド〉 **Flip**

オブジェクトの法線方向を反転させるコマンド

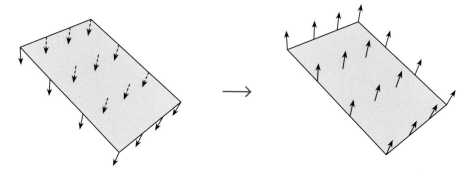

以下の2種類のいずれかの方法でコマンドを実行します。

コマンド	アイコン	メニュー
Flip		メニューから実行不可

CHAPTER 8

オブジェクトの方向について

Rhino上のオブジェクトには方向が存在しています。曲線にはパラメーター t、サーフェスにはパラメーター uv が割り当てられており、各オブジェクトにはパラメーターの数値に応じた方向が存在しています。

方向を正しく設定していないと正しいモデルが作成されないことがあるので注意が必要です。オブジェクトの方向は、Grasshopperでパラメーターを用いる際、また環境解析や3Dプリンターの出力を行う際に、重要な概念となります。

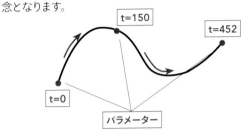

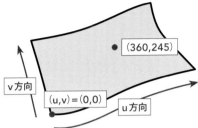

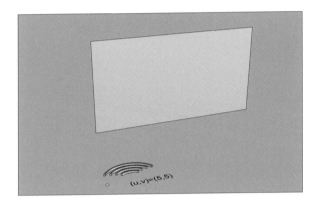

1

サンプルファイルを収めたフォルダ内の「8_役立つコマンド.3dm」を開きます。配置するオブジェクトと配置先のサーフェスが用意されています。

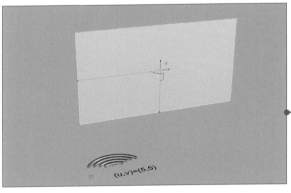
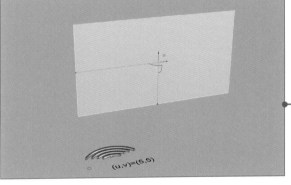

2

[ArraySrf]コマンドを用いる場合にはサーフェスの法線方向が重要なので、その確認方法、変更方向の練習を行います。サーフェスを選択して、[Dir]コマンドを実行します。

─── HINT ───

オブジェクトを複数配列

[ArraySrf]コマンドはサーフェス上にオブジェクトを複数配列するコマンドです。

法線方向を示す矢印

3

左図のように矢印で法線方向が表示されて、確認できるようになります。

CHAPTER 1
CHAPTER 2
CHAPTER 3
CHAPTER 4
CHAPTER 5
CHAPTER 6
CHAPTER 7
CHAPTER 8
CHAPTER 9
CHAPTER 10

4

[ArraySrf]コマンドを実行すると、サーフェスの法線方向にオブジェクトが配置されます。この状態だと左図のようにサーフェスの裏面にオブジェクトが配置されてしまいます。

そこで、[Dir]コマンドを実行して、面の向きを反転させます。
左図のようにコマンドラインに表示されるので、[反転]を選択します。

すると、法線方向が反転されます。

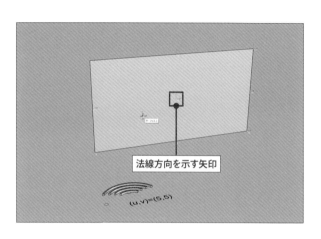

法線方向を示す矢印

再度[ArraySrf]コマンドを実行すると、サーフェスの上面にオブジェクトが配置されます。

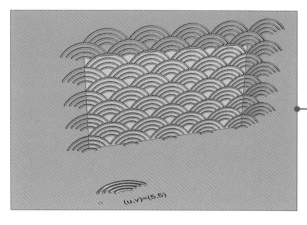

--- HINT ---
[Flip]と[Dir]

オブジェクトの法線方向を反転させる操作は[Flip]コマンドによっても可能です。ただし、方向を確認しながら操作を行いたい場合は、[Dir]コマンドを用います。

知っておこう # 背面の表示色変更

Rhino上のサーフェスには表と裏が存在しています。サーフェスのどちらが表でどちらが裏であるかは、[Dir]コマンドを用いれば分かることを本項で学びました。ここでは、[Dir]コマンドを実行しなくとも表裏が分かるように、サーフェスの背面の表示色を変更する方法を説明します。環境シミュレーションを行う際などは、裏表の違いをこのようにRhino上で把握することが有効になります。

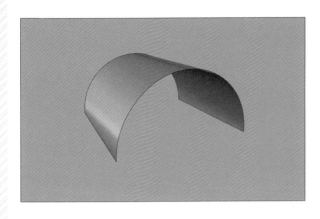

1

今回は左図のようなサーフェスを用いて説明します。

[Options]コマンドを実行します。

メニューバーより[ツール(L)]＞[オプション(O)]の順に選択して実行することも可能です。

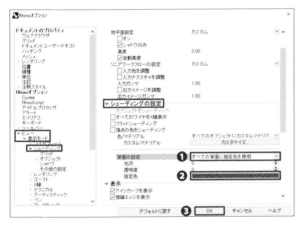

2

左図のように
[ビュー]＞[表示モード]＞[シェーディング]＞[シェーディングの設定]＞[背面の設定]について、[表面の設定を使用]から[すべての背面に指定色を使用]に変更します。

その後、[指定色]の中から好みの色を選択して、[OK]をクリックします。

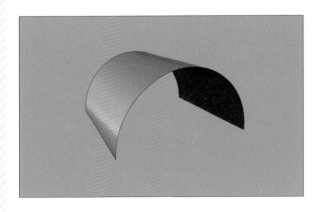

3

左図のようにサーフェスの裏面の色が変更されます。

図面作成に役立つコマンド
ー作成したモデルの利用ー

本章では、CHAPTER6で作成したモデルを利用して、図面や
ダイアグラムを作成するのに便利なコマンドを学習していきます。

9-01 現在のビューのイメージを保存

使用ファイル｜9_図面作成に役立つコマンド.3dm

コマンド ViewCaptureToFile

選択したビューポートのイメージをファイルに保存するコマンド

以下の3種類のいずれかの方法でコマンドを実行します。

コマンド	アイコン	メニュー
ViewCaptureToFile		［ビュー］→［キャプチャー］→［ファイルに］

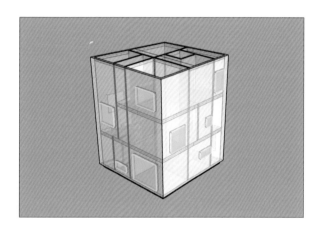

1
イメージを保存するビューポートを選択して、アクティブにします。

本章全体では、CHAPTER6で作成した3Dモデルを使って学習していきます。

同モデルは、「梅林の家」（設計：妹島和世建築設計事務所）の意匠を参考にしています。厳密な寸法などは実際の建築とは異なります。
なお「梅林の家」は、鋼板の利用を前提とする構造形式とされているため、壁厚などは鉄筋コンクリート造の住宅とはかなり異なるものであることをご了解ください。

2
［ViewCaptureToFile］コマンドを実行すると、保存するイメージの詳細設定ウィンドウが開きます。
解像度を［**カスタム**］に設定すると、イメージの高さ、幅、スケールを変更することができます。

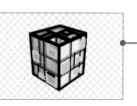

───── HINT ─────

背景の透明化

オプションの［**透明な背景**］にチェックを入れると、背景が透明化された画像を保存できます。

CHAPTER 1
CHAPTER 2
CHAPTER 3
CHAPTER 4
CHAPTER 5
CHAPTER 6
CHAPTER 7
CHAPTER 8
CHAPTER 9
CHAPTER 10

3

解像度の設定を終えたら、[OK]をクリック
します。

4

ファイルの保存先、ファイル名、ファイル形
式を設定して、[**保存**]をクリックします。

指定した保存場所にビューのイメージが作
成されます。

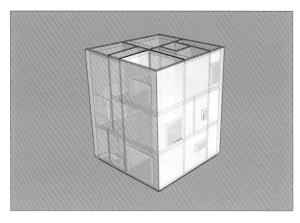

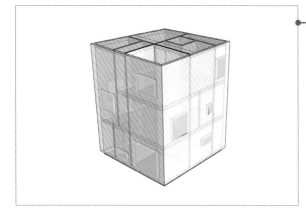

─── HINT ───

背景色の変更

Rhinoの背景色を変更すると、保存され
るイメージにも反映されます。左図は、
背景色を白にしてJPEGで保存したもの
です。

※[_ViewCaptureToFile]コマンドでも同
　様にイメージを保存することができます。

9-02 名前の付いたビューを管理

使用ファイル｜9_図面作成に役立つコマンド.3dm

コマンド NamedView

名前の付いたビューを管理するコマンド

以下の3種類のいずれかの方法でコマンドを実行します。

コマンド	アイコン	メニュー
NamedView	🚗	[ビュー]→[ビューの設定]→[名前の付いたビュー]

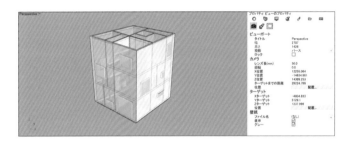

1

名前の付いたビューを新しく作成することで、登録したビューを呼び出すことができます。

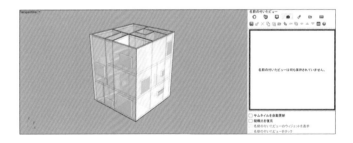

2

[NamedView]コマンドを実行すると、名前の付いたビューのパネルが表示されます。

3

パネルの[**名前の付いたビュー**]タブをクリックしても表示させることができます。

パネルに[**名前の付いたビュー**]タブが表示されていない場合は、歯車の形のオプションマークをクリックして、[**名前の付いたビュー**]にチェックを入れるとタブが表示されます。

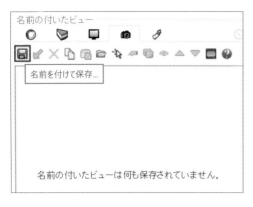

4

名前を付けて保存をクリックします。

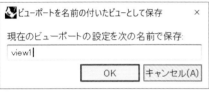

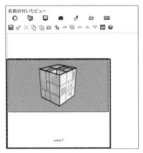

5

左図のようなウィンドウが表示されるので、
ビューの名前を入力して、[OK]をクリック
します。

アクティブなビューポートの設定が、新しく
名前の付いたビューとして保存されます。

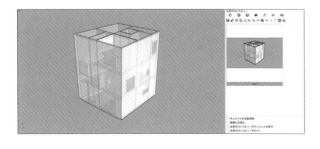

6

表示したいビューをダブルクリックすると、
アクティブビューポートへ呼び出すことがで
きます。

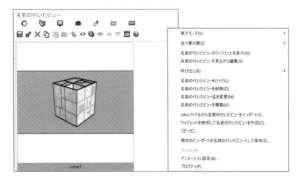

7

作成した名前の付いたビューを右クリックす
ることで、登録したビューの様々な設定がで
きます。

CHAPTER 1
CHAPTER 2
CHAPTER 3
CHAPTER 4
CHAPTER 5
CHAPTER 6
CHAPTER 7
CHAPTER 8
CHAPTER 9
CHAPTER 10

9-03 表示状態を保存・再表示

コマンド > Snapshots

レイヤ、マテリアル、クリッピング平面などの表示状態を保持したビューを管理するコマンド

以下の方法でコマンドを実行します。

コマンド	アイコン	メニュー
Snapshots	—	—

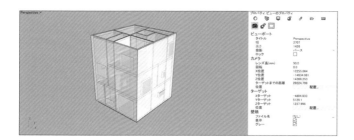

1

新しくスナップショットを作成することで、登録したスナップショットを呼び出すことができます。

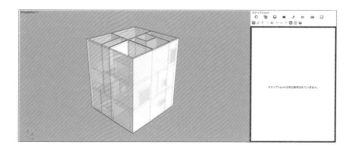

2

[Snapshots]コマンドを実行すると、スナップショットのパネルが表示されます。

3

パネルの[**スナップショット**]タブをクリックしても表示させることができます。

4

名前を付けて保存をクリックします。

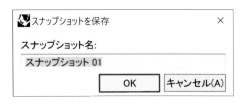

5

左図のようなウィンドウが表示されるので、スナップショットの名前を入力して、[**OK**]をクリックします。

6

保存する項目を選択するウィンドウが表示されます。[**すべてを選択**]にチェックを入れて、[**OK**]をクリックします。

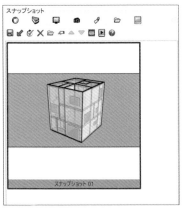

新しくスナップショットが保存されます。

CHAPTER 1
CHAPTER 2
CHAPTER 3
CHAPTER 4
CHAPTER 5
CHAPTER 6
CHAPTER 7
CHAPTER 8
CHAPTER 9
CHAPTER 10

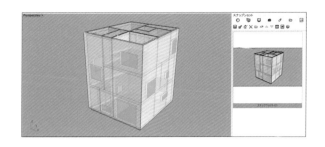

7

表示したいスナップショットをダブルクリック
すると、アクティブビューポートへ呼び出す
ことができます。

8

作成したスナップショットを右クリックするこ
とで、登録したスナップショットの様々な設
定ができます。

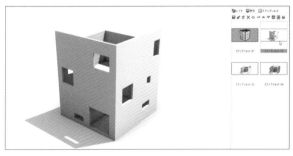

9

現在のモデルの状態と異なるスナップショッ
トを呼び出す際、左図のウィンドウが表示さ
れます。

[**はい**]をクリックすると現在のモデルの
ビューの画角、レイヤの表示状態やマテリア
ルの設定、オブジェクトの位置などを保った
スナップショットを保存することができます。

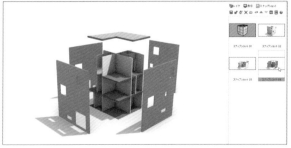

10

スナップショットを用いると、様々な表現を
手軽に切り替えて確認することができます。

9-04 パース図を抽出

使用ファイル｜9_図面作成に役立つコマンド.3dm

コマンド Make2D

オブジェクトを作業平面に投影して2D図を作成するコマンド

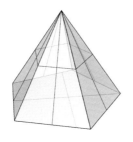

以下の3種類のいずれかの方法でコマンドを実行します。

コマンド	アイコン	メニュー
Make2D		[寸法]→[2D図を作成]

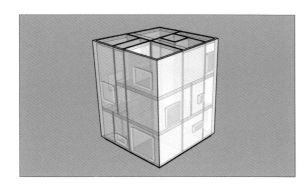

1
作成した3Dモデルから2Dパースを作成します。作成したいパースの画角をビュー上で設定します。

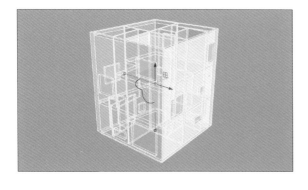

2
[Make2D]コマンドを実行します。
2Dパースを作成したいオブジェクトをすべて選択して、[Enter]キーを押します。

287

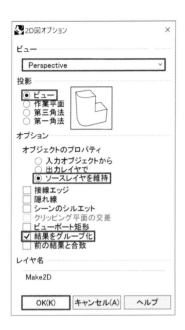

3

2D図のオプションパネルが開きます。

ビューでは、2D図にしたいビューポート名となっているかを確認します。投影は[**ビュー**]に、オプションは[**ソースレイヤを維持**]と、[**結果をグループ化**]にチェックを入れて、[**OK**]をクリックします。

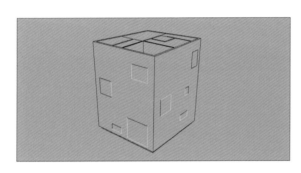

左図のように四角い家の2Dパースが作成されたことが確認できます。

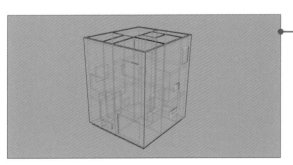

--- HINT ---

隠れ線の表示

[**隠れ線**]にチェックを入れてMake2Dを実行すると、左図のように隠れ線が薄い色で表示された2Dパースが作成されます。

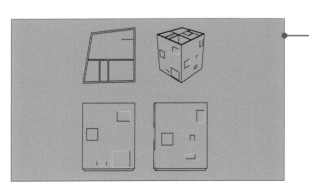

--- HINT ---

投影方法の選択

投影を第三角法または第一角法を選択して[**OK**]をクリックすると4つのビューすべてが2D図になります。

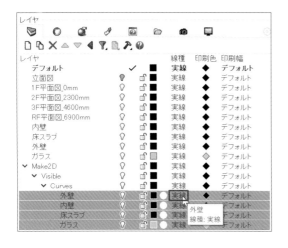

CHAPTER 1
CHAPTER 2
CHAPTER 3
CHAPTER 4
CHAPTER 5
CHAPTER 6
CHAPTER 7
CHAPTER 8
CHAPTER 9
CHAPTER 10

4

次に線種と線幅の設定について、作成した
2Dパースを用いて説明します。

まずは、線種の変更をしていきます。
2Dパースの線の設定を一気に変更するた
め、レイヤタブで［Make2D］レイヤの中の
［Curves］レイヤを開き、［Shift］キーを押し
ながらすべての子レイヤを選択します。

左の4つのレイヤを選択した状態で「**線種**」
の欄をクリックします。

線種を選択する画面が表示されるので、変
更したい線種を選択して、［OK］をクリック
します。

次に、線幅の変更をしていきます。

先程の「**線種**」の設定のときと同様に左図の
4つのレイヤを選択した状態で、「**印刷幅**」
の欄をクリックします。

変更したい線幅を選択して、［OK］をクリッ
クします。

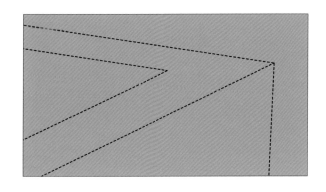

拡大すると、線種が変更されていることが確認できます。

※ただし、ビューポート上では線幅の設定は反映されません。

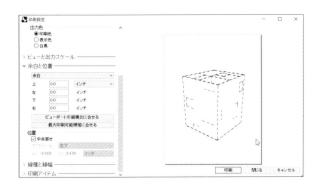

印刷プレビューで、線種と線幅の設定が反映されているのを確認することができます。

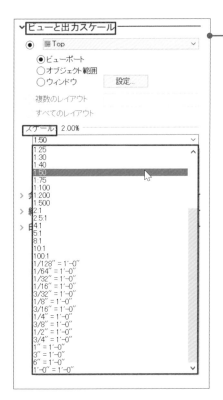

── HINT ──

出力時の縮尺

もし印刷プレビュー内で対象物がうまく表示されないときには、[**ビューと出力スケール**]にある「**スケール**」を「1:1」から「1:x」と縮尺を変更することによって、解決することができます。

9-05 断面曲線を抽出

使用ファイル｜9_図面作成に役立つコマンド.3dm

コマンド 〉 **Section**

オブジェクトから断面曲線を抽出するコマンド

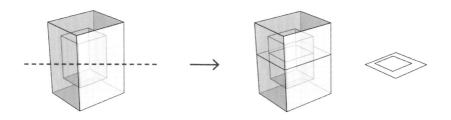

以下の3種類のいずれかの方法でコマンドを実行します。

コマンド	アイコン	メニュー
Section		[曲線]→[オブジェクトから曲線を選択] →[断面曲線]

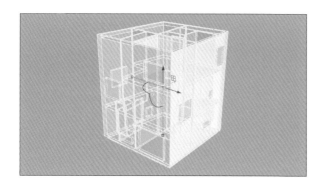

1

作成した3Dモデルを任意の位置で切り、断面を曲線で抽出します。

[Section]コマンドを実行します。断面線を抽出したいオブジェクトを選択して[Enter]キーを押します。

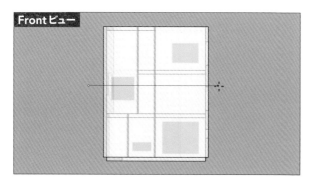

Front ビュー

2

次に、断面曲線を抽出する位置を設定します。

[Front]ビューに変更します。

オブジェクトの切断面は任意の2点で指示された直線で設定されるため、切断したい位置を2点クリックして設定します。

291

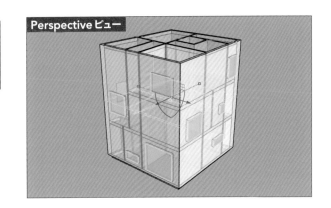

3

2点を選択して直線を引くと、直線を引いた位置で作業平面に平行にオブジェクトの断面曲線が抽出されます。

[Perspective]ビューで確認します。

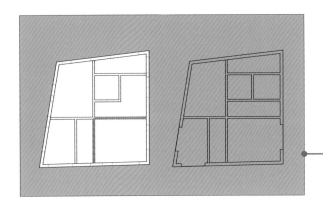

4

1度のコマンド実行で必要なだけ断面曲線を抽出できます。そのまま連続して断面曲線を抽出するか、終了する場合は[Enter]キーを押します。

— HINT —
変形建物の図面化

複雑な形状の建物から平面図や断面図を作成する際に役立ちます。

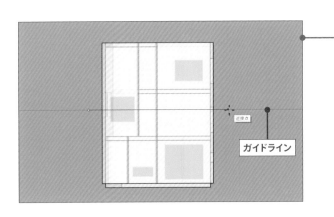

— HINT —
ガイドラインの表示

[AddGuide]コマンドを用いると、コマンド実行時のみ表示されるガイドラインを作成することができます。

断面曲線を抽出する位置にガイドラインを作成しておくと、[Section]コマンド実行の際にガイドラインが表示されるため、断面曲線を抽出する位置を設定しやすくなります。

図面資料をつくる

本章では、Rhinoで作成したモデリングデータを基に、簡易なプレゼンテーション・図面資料を作成する方法を学習していきます。

CHAPTER 10

資料作成／図面資料をつくる

10-01 通芯を作成

使用ファイル｜ 10-1_通芯を作成.3dm

コマンド Options

Rhinoのあらゆるオプションを設定するコマンド

以下の3種類のいずれかの方法でコマンドを実行します。

コマンド	アイコン	メニュー
Options		[ツール]→[オプション]

コマンド Array

指定間隔で複数のオブジェクトを複製するコマンド

以下の3種類のいずれかの方法でコマンドを実行します。

コマンド	アイコン	メニュー
Array		[変形]→[配列]→[矩形]

コマンド Text

文字を記入するコマンド

以下の3種類のいずれかの方法でコマンドを実行します。

コマンド	アイコン	メニュー
Text	TEXT	[寸法]→[テキストブロック]

294

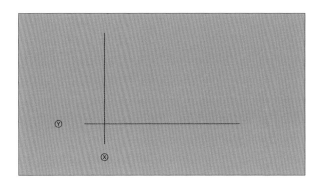

CHAPTER 1
CHAPTER 2
CHAPTER 3
CHAPTER 4
CHAPTER 5
CHAPTER 6
CHAPTER 7
CHAPTER 8
CHAPTER 9
CHAPTER 10

1

サンプルファイルを収めたフォルダ内の「10-1_通芯を作成.3dm」を開きます。

通芯を作成していきます。

まず、通芯用の線種を設定していきます。
[Options]コマンドを実行して、Rhinoオプションのウィンドウを開きます。

[ドキュメントのプロパティ]→[線種]を選択して、[追加]をクリックします。

新しく追加した線種の名前の欄をダブルクリックして、[通芯]に変更します。

パターンに「4,1,0,1」と入力します。奇数番目の値が線分の長さとして、偶数番目の値が間隔として扱われます。
また、0は点として認識されます。
線種スケールでは印刷する際の縮尺を設定します。今回は1/800で印刷することを想定して、「800」と入力します。

レイヤパネルで[通芯]レイヤの**線種**の欄をクリックします。

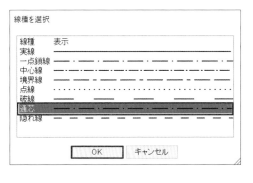

左図のようなウィンドウが表示されるので、先ほど作成した通芯を選択して、[OK]をクリックします。

するとレイヤ内のすべての線に、選択した線種が適用されます。

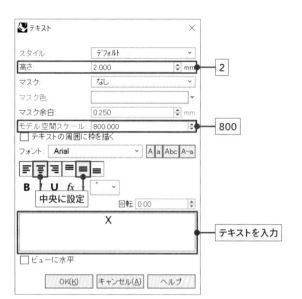

スタイル: デフォルト
高さ: 2.000 mm → 2
マスク: なし
マスク色:
マスク余白: 0.250 mm
モデル空間スケール: 800.000 → 800
テキストの周囲に枠を描く
フォント: Arial
中央に設定
回転 0.00

X ← テキストを入力

ビューに水平

OK(K) キャンセル(A) ヘルプ

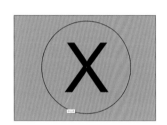

2

続いて、通芯符号の作成を行います。
[通芯符号]レイヤをアクティブにして、[Text]コマンドを実行します。

左図のようなウィンドウが表示されるので、高さを「2.0」、モデル空間スケールを「800」、文字の配置を「**中央**」に設定します。

左図の枠内に入力した文字が作成されます。X軸方向の円にはXを、Y軸方向の円にはYを入れます。

設定を終えたら[OK]をクリックします。

テキストを配置する位置として、円の中心点を選択します。

[Osnap]の[**中心点**]にチェックを入れておくと、円の周上にカーソルを合わせた際に円の中心点を選択できます。

「高さ」と「モデル空間スケール」の関係

「**高さ**」とは、レイアウトで出力する際の、テキスト高さ（単位㎜）のことを指します。
レイアウトについては本章-05を参照してください。
「**モデル空間スケール**」とは、モデル空間上での縮尺のことです。モデル空間上でのテキストや寸法線の矢印・黒丸などの高さを決定します。Adobe Illustratorなどで図面を加工するためにデータをエクスポートする際には、あらかじめRhino上で作成したい図面の縮尺にモデル空間スケールを設定しておくと便利です。

「高さ」を3㎜とした場合

モデル空間スケール	1	100	500	800
縮尺	S＝1:1	S＝1:100	S＝1:500	S＝1:800
モデル空間上での大きさ(㎜)	3	300	1500	2400
Rhino画面 （Topビュー）			10000	10000

※黒丸の大きさ（1㎜）もモデル空間スケールによって変わっています。

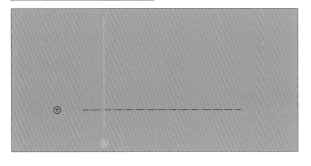
配列するオブジェクトを選択

CHAPTER 1
CHAPTER 2
CHAPTER 3
CHAPTER 4
CHAPTER 5
CHAPTER 6
CHAPTER 7
CHAPTER 8
CHAPTER 9
CHAPTER 10

3

次に、通芯と通芯符号を複数配列します。

[Array]コマンドを実行します。X軸方向の通芯と通芯符号を選択して[Enter]キーを押します(以下、右クリックでも実行できます)。

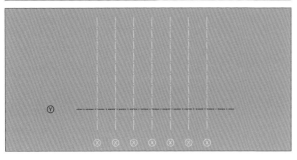
X方向の数 ⟨1⟩ 7
Y方向の数 ⟨1⟩ 1
Z方向の数 ⟨1⟩ 1
X方向の間隔または1つ目の参照点 (プレビュー(P)=はい X方向の数(X)=7) 8000

X方向の数を「7」、Y方向、Z方向の数を「1」として、[Enter]キーを押します。
コマンドラインに「**X方向の間隔または1つ目の参照点の入力**」と表示されるので、通芯の間隔である「8000」を入力して、[Enter]キーを押します。

左図のように配列された際のプレビューが表示されます。
問題がなければ[Enter]キーを押します。

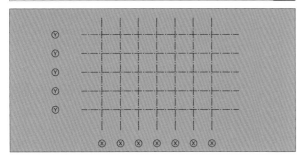
X方向の数 ⟨7⟩ 1
Y方向の数 ⟨1⟩ 5
Z方向の数 ⟨1⟩ 1
Y方向の間隔または1つ目の参照点 (プレビュー(P)=はい Y方向の数(Y)=5) 8000

Y方向についても同様に配列していきます。
Y方向の数を「5」、X方向、Z方向の数を「1」とします。

コマンドラインに「**Y方向の間隔または1つ目の参照点の入力**」と表示されるので、通芯の間隔である「8000」を入力します。

X方向、Y方向ともに完成すると左図のようになります。

ダブルクリック

4

続いて、通芯符号に番号を追加していきます。
文字をダブルクリックすると編集が可能です。番号を加えていきます。

※テキスト作成後に調整が必要な場合は、編集したいテキストを選択すると、プロパティパネル内の文字アイコンから、設定を変更することができます。

10-02 寸法を記入

使用ファイル｜10-2_寸法を記入.3dm

 **Dim**

寸法を記入するコマンド

以下の3種類のいずれかの方法でコマンドを実行します。

コマンド	アイコン	メニュー
Dim		［寸法］→［長さ寸法］

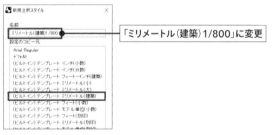

1

サンプルファイルを収めたフォルダ内の「10-2_寸法を記入.3dm」を開きます。

まず寸法のスタイルを設定します。
［Options］コマンドを実行します。

［ドキュメントのプロパティ］→［注釈スタイル］→［新規作成］をクリックして、寸法スタイルを新規作成します。

設定のコピー元には、［テンプレート ミリメートル（建築）］を選択してください。

今回は、1/800のスケールの図面を出力することを想定して、名前を「ミリメートル（建築）1/800」に変更します。

次に、詳細を設定していきます。
作成した「ミリメートル（建築）1/800」を選択して、［編集］をクリックします。

デフォルトの状態では文字が小さいので、モデル空間スケールを「800」、フォントの設定で、高さを「2」に設定します。

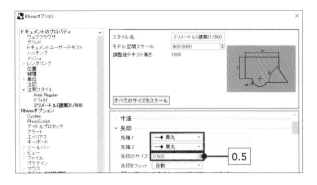

矢印の設定で、先端を[黒丸]に、矢印のサイズを「0.5」に変更します。

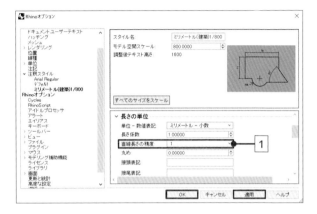

また、長さの単位の設定で、直線長さの精度を「1」にしておきます。

設定が終了したら、[適用]をクリックして登録した後に、[OK]をクリックします。

寸法の1点目 (注釈スタイル(A)=*ミリメートル(建築)1/800* オブジェクト(O) *直列寸法(C)=はい* 並列寸法(B)=*いいえ* 続行する寸法を選択(S)

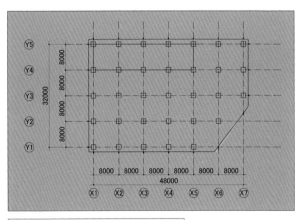

2
寸法を追加していきます。[Dim]コマンドを実行します。

コマンドラインのオプションに、注釈スタイルが先程作成した[ミリメートル(建築)1/800]、[直列寸法(C)=はい]と表示されていることを確認します。

作成が終わったら[Enter]キーを押します。操作を終えると左図のようになります。

作成後に寸法の調整が必要な場合は、編集したい寸法を選択すると、プロパティパネル内の寸法アイコンから、設定を変更することができます。

CHAPTER 1
CHAPTER 2
CHAPTER 3
CHAPTER 4
CHAPTER 5
CHAPTER 6
CHAPTER 7
CHAPTER 8
CHAPTER 9
CHAPTER 10

10-03 ハッチングを作成

使用ファイル｜10-3_ハッチングを作成.3dm

コマンド 〉 **Hatch**

境界線内にハッチングパターンを作成するコマンド

以下の3種類のいずれかの方法でコマンドを実行します。

コマンド	アイコン	メニュー
Hatch	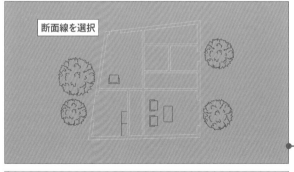	［寸法］→［ハッチング］

1

Rhinoで描いた図面にハッチングを追加していきます。サンプルファイルを収めたフォルダ内の「**10-3_ハッチングを作成.3dm**」を開きます。

［**ハッチング**］レイヤをアクティブにします。

2

まず、断面を黒く塗りつぶしていきます。
［**Hatch**］コマンドを実行して、コマンドラインに［**（境界（B）=いいえ）**］と表示されていることを確認します。

［**断面線**］レイヤに入っている断面線をすべて選択して、［**Enter**］キーを押します。

---- HINT ----

ハッチング対象の選択

［**（境界（B）=いいえ）**］では選択した対象すべてにハッチングが適用されます。
［**（境界（B）=はい）**］は、ハッチングの対象領域を手動で選択するオプションです。

※CHAPTER6同様、本項の練習素材は、「梅林の家」（設計：妹島和世建築設計事務所）の意匠を参考にしています。ハッチングの練習を目的としたものであるため、寸法などは実際の建築とは異なります。

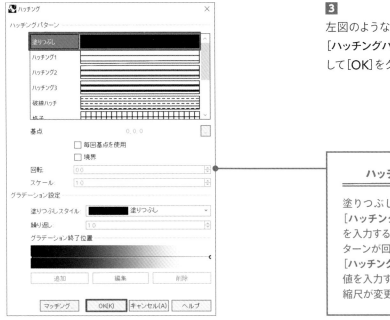

3

左図のようなウィンドウが表示されるので、
[**ハッチングパターン**]→[**塗りつぶし**]を選択
して[**OK**]をクリックします。

—— HINT ——

ハッチングパターンの設定

塗りつぶし以外のパターンを選ぶ際、
[**ハッチングパターン**]の[**回転**]に数値
を入力すると、入力した数値の角度分パ
ターンが回転します。
[**ハッチングパターン**]の[**スケール**]に数
値を入力すると、適用されるパターンの
縮尺が変更されます。

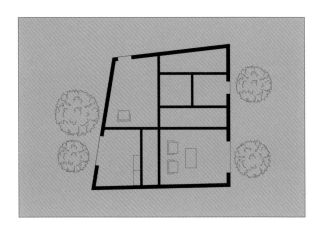

4

ハッチングが適用されて、断面が黒く塗りつ
ぶされました。

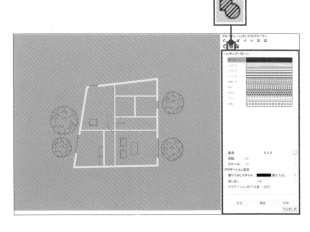

5

ハッチング作成後に調整が必要な場合は、
編集したいハッチングを選択すると、プロパ
ティパネル内のハッチングアイコンから設定
を変更することができます。

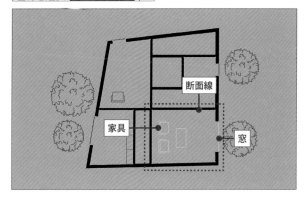

曲線を選択（境界（B）＝はい）

6

続いて、左図の点線で囲んだ室内の床の表現としてハッチングを追加していきます。

［Hatch］コマンドを実行します。コマンドラインの［（境界（B）＝いいえ）］をクリックして、［（境界（B）＝はい）］に切り替えてください。

ハッチングをかけたいエリアが閉じて囲われるように断面線、家具の曲線、窓の曲線を選択して、［Enter］キーを押します。

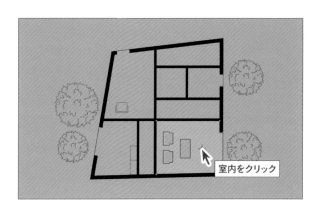

7

コマンドラインに「**対象領域の内側をクリック**」と表示されるので、室内をクリックして、［Enter］キーを押します。

※家具および窓は選択領域から外れるので、ハッチングは適用されません。

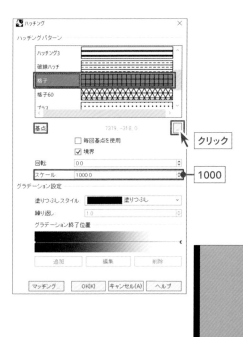

8

左図のようなウィンドウが表示されるので、［**ハッチングパターン**］→［**格子**］を選択します。

パターンが図面に合うように調節していきます。まずスケールを「**1000**」に変更します。

次に、基点の［…］をクリックします。

コマンドラインに「**点をピック**」と表示されるので、パターンの基点として左図のように室内の角をクリックします。

設定が完了したら、［OK］をクリックします。

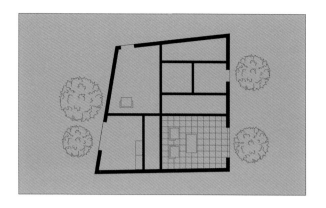

CHAPTER 1
CHAPTER 2
CHAPTER 3
CHAPTER 4
CHAPTER 5
CHAPTER 6
CHAPTER 7
CHAPTER 8
CHAPTER 9
CHAPTER 10

9

床の表現として格子のハッチングが適用さ
れました。

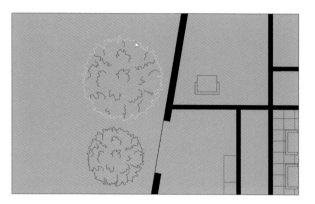

10

続いて、植栽にグラデーションのある半透
明な塗りつぶしを追加していきます。

[Hatch]コマンドを実行します。コマンドラ
インの[(境界(B)＝はい)]をクリックして、
[(境界(B)＝いいえ)]に切り替えてください。

左図のように植栽の輪郭線を選択して、
[Enter]キーを押します。

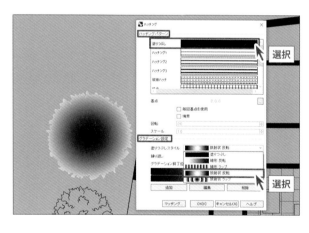

11

左図のようなウィンドウが表示されます。

[ハッチングパターン]→[塗りつぶし]を選択
して、さらに[グラデーション設定]→[塗り
つぶしスタイル]→[放射状反転]を選択しま
す。

これにより、塗りつぶした部分に放射状のグ
ラデーションがかかります。

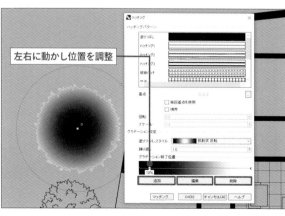

[グラデーション終了位置]では、点を左右
に移動させることで、グラデーションの終了
位置を調整できます。

また、[追加]、[編集]、[削除]をクリック
すると、グラデーションの色の追加や編集、
追加した色の削除ができます。

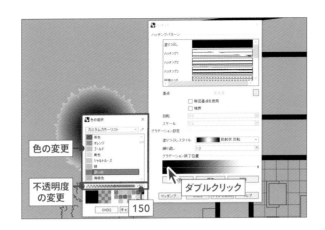

[グラデーション終了位置]の点を、ダブルクリックまたは[Shift]キー＋左クリックすると、色の変更や不透明度の変更を行うことができます。

まず、左側の点（始点）をダブルクリックします。今回は、色を[濃い緑]、不透明度を「150」にします。

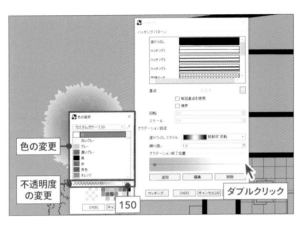

次に、右側の点（終点）もダブルクリックして、色と不透明度の変更を行います。

今回は、色は白のまま、不透明度を「150」にします。

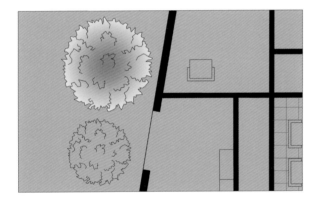

12
グラデーションのある半透明な塗りつぶしが追加されました。

続いて、他の植栽にも同様にハッチングを追加していきます。

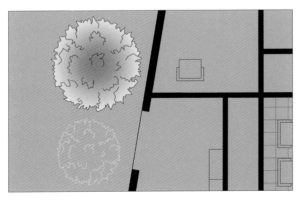

13
[Hatch]コマンドを実行します。コマンドラインの[（境界（B）＝はい]をクリックして、[（境界（B）＝いいえ)]と表示されていることを確認します。

先程とは別の植栽の輪郭線を選択して、[Enter]キーを押します。

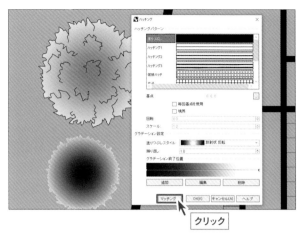

14

左図のようなウィンドウが表示されます。
同じパターンのハッチングを適用させたい
場合は[**マッチング**]が便利なのでクリックし
ます。

15

ウィンドウが閉じて、「**元になるハッチング
を選択**」とコマンドラインに表示されるので、
元になるハッチングとして先程作成したグラ
デーションのある植栽部分をクリックします。

再びウィンドウが表示されるので、[**編集**]を
クリックします。

16

ウィンドウの[**グラデーション終了位置**]のガ
イドに対応する線、始点、終点が表示され
ます。

始点と終点の位置を、新たにハッチングを
作成する植栽に合うように調整していきま
す。まず、元の植栽の側の始点をクリックし
ます。

17

コマンドラインに「**始点位置を選択**」と表示さ
れるので、左図のように別の植栽の中央部
分をクリックして始点の移動を完了します。

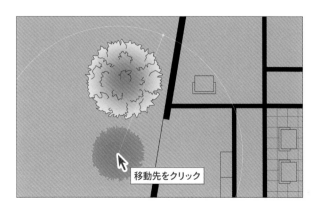

CHAPTER 1
CHAPTER 2
CHAPTER 3
CHAPTER 4
CHAPTER 5
CHAPTER 6
CHAPTER 7
CHAPTER 8
CHAPTER 9
CHAPTER 10

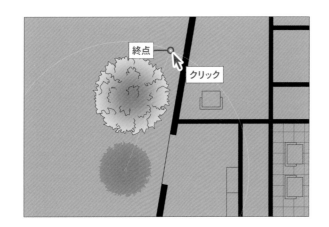

18
続いて、元の植栽の側の終点をクリックします。

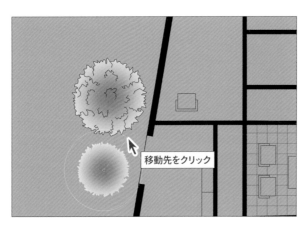

19
コマンドラインに「**終点位置を選択**」と表示されるので、左図のように別植栽のサイズに合ったグラデーションとなる位置をクリックして終点の移動を完了します。

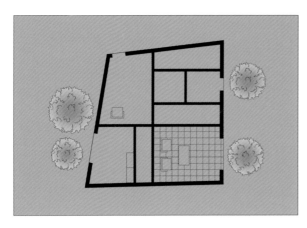

20
同様にして他の植栽にもグラデーションのある半透明な塗りつぶしを追加していきます。

操作を終えると左図のように完成します。

10-04 図面枠を設定

使用ファイル｜10-4_図面枠を設定.3dm

| Perspective | Top | Front | Right | ページ1 | ＋ |

1

サンプルファイルを収めたフォルダ内の「10-4_図面枠を設定.3dm」を開きます。

ページ1タブが開かれていることを確認してください。

図面枠下方のテキストを編集していきます。

DATE:
text
ダブルクリック

2

まず日付「DATE」の部分を変更していきます。
[text]をダブルクリックします。

左図のようなウィンドウが表示されます。

[**テキストフィールド**]のアイコンをクリックします。

テキストを編集

スタイル:	図面枠②
高さ:	2.500 mm
マスク:	なし
マスク色:	
マスク余白:	0.000 mm
モデル空間スケール:	1.000

□ テキストの周囲に枠を描く

フォント: Arial　A a Abc A-a

B *I* U *fx* ½ ° ∨

テキストフィールド

回転 0.00

text

□ ビューに水平

OK(K) キャンセル(A) ヘルプ

左図のようなウィンドウが表示されます。
[Date]を選択して、一番上の形式「M/d/
yyyy」を選択します。

[OK]をクリックします。

ウィンドウ内のテキストが、左図のように変
更されたことを確認して、[OK]をクリック
します。

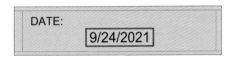

今日の日付になったことが確認できます。

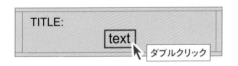

3
次に、図面タイトル「TITLE」の部分を変更し
ていきます。
[text]をダブルクリックしてください。

[テキストフィールド]のアイコンをクリックし
ます。

[PageName]を選択して、[OK]をクリッ
クします。

テキストが左図のように変更されたことを確認して、[OK]をクリックします。

タイトルが変更されたことが確認できます。

[PageName]を使用すると、レイアウト名に合わせてテキストを変更してくれます。

4

次に、図面番号「No.」の部分を変更していきます。
[text]をダブルクリックします。

[テキストフィールド]のアイコンをクリックします。

[PageNumber]を選択して、[OK]をクリックします。

テキストが左図のように変更されたことを確認して、[OK]をクリックします。

図面番号が変更されたことが確認できます。

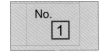

CHAPTER 1
CHAPTER 2
CHAPTER 3
CHAPTER 4
CHAPTER 5
CHAPTER 6
CHAPTER 7
CHAPTER 8
CHAPTER 9
CHAPTER 10

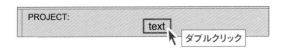

%<UserText
("block","PROJECT","PROJECT","プロジェクト
名を入れてください")>%

☐ ビューに水平

OK(K) | キャンセル(A) | ヘルプ

5

次に、プロジェクト名「PROJECT」の部分
を変更していきます。
[text]をダブルクリックします。

[テキストフィールド]のアイコンをクリックし
ます。

ここではブロックの機能を使用します。
[BlockAttributeText]を選択して、左図
のようにキー、プロンプト、デフォルト値を
入力します。

[BlockAttributeText]を設定すると、あ
とでブロックを挿入する際に情報をまとめて
入力することができます。

テキストが左図のように変更されたことを確
認して、[OK]をクリックします。

プロジェクト名が変更されたことが確認でき
ます。

BlockAttributeTextの用語について

キー：レイアウト上に表示されるテキスト

プロンプト：ブロック挿入時に表示される項目名
（プロンプトが設定されていない場合は、キー値が
表示されます）

デフォルト値：ブロックをインサートする際に表示
される[ブロック属性]ウィンドウのテキストボックス
に、あらかじめ入力されているテキスト

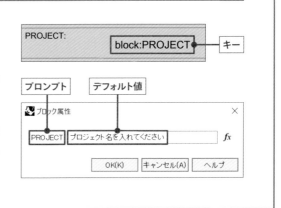

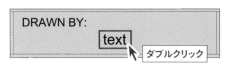

%<UserText("block","DRAWN
BY","DRAWN BY","名前を入れてくださ
い")>%

□ ビューに水平

| OK(K) | キャンセル(A) | ヘルプ |

DRAWN BY:
　　　block:DRAWN BY

SCALE:　　　　text
　　　　　　　　text

コマンド: ConvertTextToBlockAttribute

6

次に、図面作成者名「DRAWN BY」の部分
を変更していきます。
[text]をダブルクリックします。

[テキストフィールド]のアイコンをクリックし
ます。

[BlockAttributeText]を選択して、左図
のようにキー、プロンプト、デフォルト値を
入力します。

テキストが左図のように変更されたことを確
認して、[OK]をクリックします。

図面作成者名が変更されたことが確認でき
ます。

7

次に、縮尺「SCALE」の部分を変更してい
きます。複数のテキストを同時に[Block
AttributeText]に変更するため、[text]
を2つとも選択します。

[ConvertTextToBlockAttribute]コマン
ドを実行します。

[テキストをブロック属性に変換]ウィンドウ
が表示されます。
[キー]、[プロンプト]、[デフォルト値]を左
図のように入力します。

CHAPTER 1
CHAPTER 2
CHAPTER 3
CHAPTER 4
CHAPTER 5
CHAPTER 6
CHAPTER 7
CHAPTER 8
CHAPTER 9
CHAPTER 10

> SCALE:　block:ScaleA3
> 　　　　　block:ScaleA1

縮尺が変更されたことが確認できます。

コマンド: Block

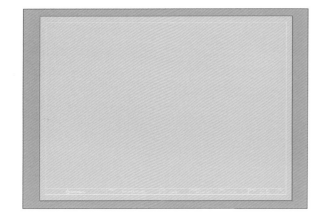

8

最後に、図面枠の線とテキストを1つのブロックにまとめます。
[**Block**]コマンドを実行します。

作成した図面枠の線とテキストをすべて選択して、[**Enter**]キーを押します。

ブロックの基点

クリック

コマンドラインに「**ブロックの基点**」と表示されます。ここでは、シートの左下の端を基点としてクリックします。

ブロック定義のプロパティ　×

名前(N) 図面枠 → **図面枠**

説明(D)

ハイパーリンク

　説明(E)

　URL(U)

OK　　キャンセル

ブロックの名前を「図面枠」にして、[**OK**]をクリックします。

ブロック属性　×

PROJECT　　プロジェクト名を入れてください　*fx*

DRAWN BY　名前を入れてください　*fx*

SCALEA1　　1/○○（A1）　*fx*

SCALEA3　　1/○○（A3）　*fx*

OK(K)　　キャンセル(A)　　ヘルプ

ブロック属性が左図のようになっていることを確認して、[**OK**]をクリックします。

以上で、図面枠が完成します。

※本章-07では、ここで作成した図面枠を[**Insert**]コマンドなどを用いて他のRhinoデータにインサートします。

ブロックを用いる一括変更

Rhinoにおけるブロックとは、基となるオブジェクトを編集するだけでリンク付けされたオブジェクトをまとめて編集できる機能のことです。[Block]コマンドを使って、基となるオブジェクトから作成できます。

利点としては、
・同一のオブジェクトを同時に編集したり置換したりできる点
・同一のオブジェクトをコピーする代わりにブロックを使用することで、モデルファイルのデータサイズを小さくすることができる点
が挙げられます。
これらのオブジェクトは、ブロックインスタンスとして、リンク付けしたデータや位置、回転、スケールなどの情報を基に設定することができます。

モデリング自体でブロックを用いることは少ないのですが、データの管理をする際によく用います。

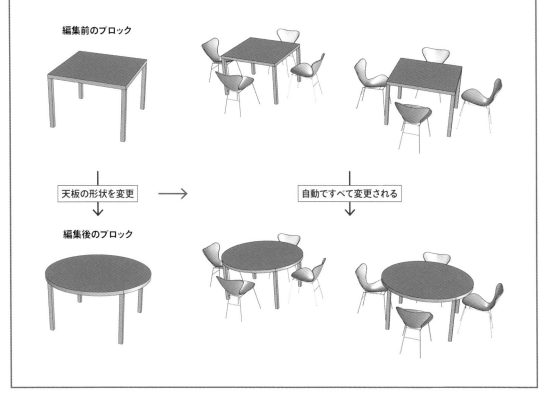

編集前のブロック

天板の形状を変更 ⟶ 自動ですべて変更される

編集後のブロック

CHAPTER 1
CHAPTER 2
CHAPTER 3
CHAPTER 4
CHAPTER 5
CHAPTER 6
CHAPTER 7
CHAPTER 8
CHAPTER 9
CHAPTER 10

10-05 レイアウトを作成・調整

使用ファイル｜ 10-5_レイアウトを作成 .3dm

コマンド Layout

レイアウトビューポートを作成するコマンド

以下の3種類のいずれかの方法でコマンドを実行します。

コマンド	アイコン	メニュー
Layout	☐	［ビュー］→［レイアウト］→［新規レイアウト］

コマンド Detail

レイアウトの詳細ビューポートを管理するコマンド

以下の3種類のいずれかの方法でコマンドを実行します。

コマンド	アイコン	メニュー	
Detail	▣	［ビュー］→ ［レイアウト］→	［詳細ビューを追加］ ［詳細ビューを有効化］ ［詳細ビューをスケール変更］

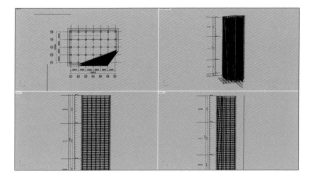

1

サンプルファイルを収めたフォルダ内の「10-5_レイアウトを作成 .3dm」を開きます。

図面を印刷する準備として、新しくレイアウトビューポートを作成していきます。

2

ビューポートタブの［＋］タブをクリックして、［新規レイアウト］をクリックします。

左図のようなウィンドウが表示されるので、名前、プリンタを選択の欄、初期詳細ビュー数を設定して、［OK］をクリックします。

--- HINT ---
用紙サイズの選択

プリンタを選択すると、用紙のサイズを選択できるようになります。

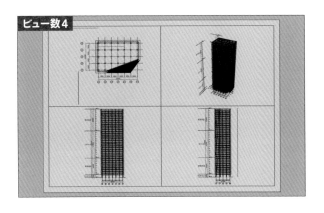
ビュー数4

新しいレイアウトが作成されます。
左図は、初期詳細ビュー数が4の場合です。

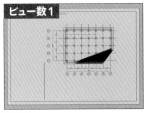
ビュー数1

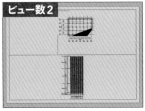
ビュー数2

初期詳細ビュー数を1、2、3に変更すると
レイアウトはそれぞれ左図のようになります。

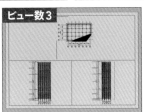
ビュー数3

3

レイアウトビューポートを作成する別の方法
として、他のファイルからインポートするこ
ともできます。
まず、ビューポートタブの[＋]タブをクリッ
クして、[**レイアウトのインポート**]をクリック
します。

改めて、サンプルファイルを収めたフォルダ
内の「**図面枠_サンプルテンプレート.3dm**」
を開きます。

インポートしたレイアウトが表示されます。

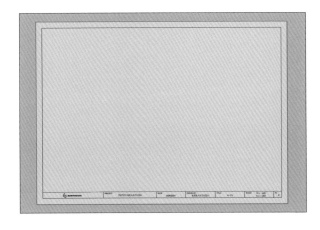

CHAPTER 1
CHAPTER 2
CHAPTER 3
CHAPTER 4
CHAPTER 5
CHAPTER 6
CHAPTER 7
CHAPTER 8
CHAPTER 9
CHAPTER 10

有効にする詳細を選択

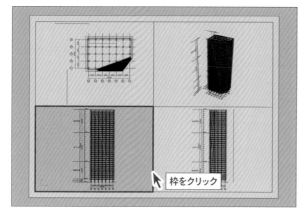

枠をクリック

詳細ビューポート (追加(A) 有効化(E) スケール(S) ロック(L) ロック解除(U) ベ

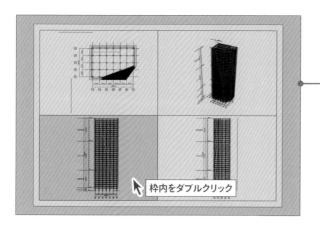

枠内をダブルクリック

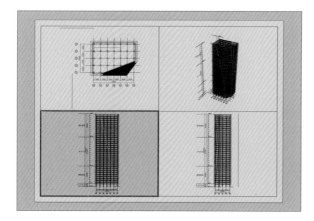

詳細ビューポート (追加(A) 有効化(E) スケール(S) ロック(L) ロック解除(U) ベ

レイアウト上の距離 (mm) ⟨1⟩ 1

レイアウト上の距離1.000 ミリメートル ＝ モデルでの距離 (mm) ⟨1303.36⟩ 800

4

続いて、先程作成した詳細ビューポートの
モデルを編集できる状態にして、図面として
整えていきます。

まず、[Detail] コマンドを実行して、コマ
ンドラインのオプションの [**有効化(E)**] をク
リックします。

コマンドラインに「**有効にする詳細を選択**」と
表示されるので、編集したい詳細ビューポー
トの枠をクリックすると、編集可能状態にな
ります。

左図では左下の [**Front**] ビューの枠をクリッ
クして有効化しました。

───── HINT ─────

編集可能のオン・オフ

[Detail] コマンドを使用しなくても、編
集したい詳細ビューポートの枠内をダブ
ルクリックすることで、編集可能状態に
できます。また、レイアウトの外側(背景)
をダブルクリックすると編集可能状態を
解除できます。

5

次に、モデルのスケールを変更していきます。
まず、スケールを変更したい詳細ビューポー
トを編集可能状態にしておきます。

[Detail] コマンドを実行して、コマンドライ
ンのオプションの [**スケール(S)**] をクリック
します。

レイアウト上の距離を入力します。

次にモデルでの距離を入力します。

例えば、1/800のスケールにしたいときは、
レイアウト上の距離を「1」、モデルでの距離
を「800」とします。

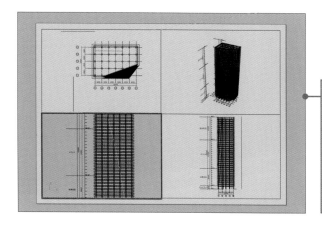

数字を入力して、[Enter]キーを押すと、左図のようにスケールが変更されます。

───── HINT ─────

スケールのロック

スケールを変更した後に、もう一度[Detail]コマンドを実行してコマンドラインのオプションの[ロック]をクリックします。この操作を行うと編集可能状態になった際に、確定したスケールが変更されてしまうことがありません。

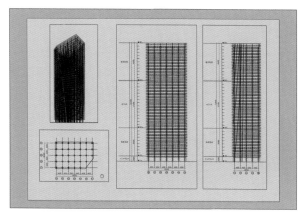

同様に、他の詳細ビューポートもスケールを調整します。ただし、[Perspective]ビューのスケールは変更できません。

また、詳細ビューポートの長方形の枠はガムボールや[Scale1D]コマンドなどで大きさを変えることができます。

左図のようにレイアウトを整えました。

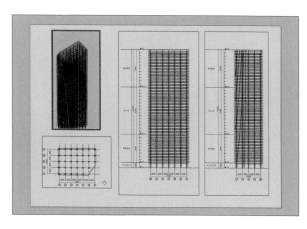

6

続いて、モデルの表示モードを変更していきます。
まず、表示モードを変更したい詳細ビューポートを編集可能状態にしておきます。

左図では左上の[Perspective]ビューを編集可能状態にしました。

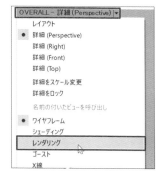

ビュータイトルを右クリックして、表示モードを[レンダリング]に変更します。

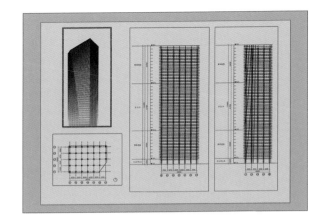

レンダリング表示に変更されます。

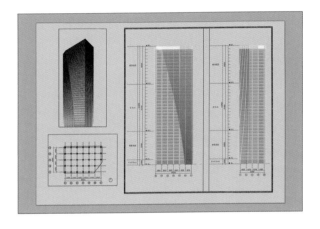

他の詳細ビューポートも適した表示モード
に変更します。
左図では、[Front]と[Right]の詳細ビュー
ポートの表示モードを[レンダリング]に変更
しました。

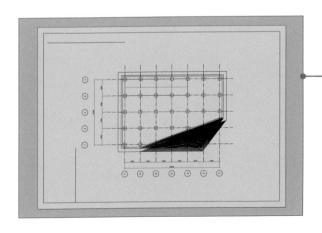

7
次に、1階平面図用の新規レイアウトを作成
していきます。

新規のレイアウトを設定するウィンドウで、
名前を「1階平面図」、初期詳細ビュー数を
「1」に設定します。

スケールは[Detail]コマンドを用いて変更
します。ここでは、「1/300」にしておきます。

─── HINT ───
スケールの変更

プロパティパネルのビューポートのプロ
パティアイコン→[スケール]で値を入力
することでもスケールを変更できます。

スケール		
レイアウト	1:00	ミリメートル
モデル	300.00	ミリメートル

モデル空間上で[clipping plane]レイヤを
アクティブにします。

[ClippingPlane]コマンドを実行して、
左図のように1階部分にクリッピング平面
（ビューポートから切り取られた平面）を作
成します。

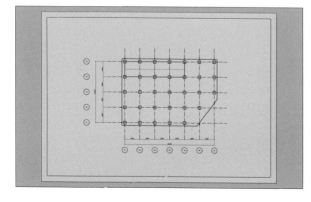

作成したクリッピング平面を選択して、プロ
パティパネルのクリッピング平面のアイコン
をクリックします。

[クリッピングするビュー]で、[レイアウト
ビュー]を選択します。

[1階平面図]詳細（Top）にチェックを入れま
す。

その後、[clipping plane]レイヤの表示を
オフにします。

先程作成した1階平面図のレイアウトを見る
と、平面図が表示されていることが確認で
きます。

CHAPTER 1
CHAPTER 2
CHAPTER 3
CHAPTER 4
CHAPTER 5
CHAPTER 6
CHAPTER 7
CHAPTER 8
CHAPTER 9
CHAPTER 10

8

次に、断面図用の新規レイアウトを作成して
いきます。

新規のレイアウトを設定するウィンドウで、
名前を「**断面図**」、初期詳細ビュー数を「**1**」
に設定します。

詳細ビューポート内のビューを変更していき
ます。

まず詳細ビューポートをダブルクリックして、
編集可能状態にします。

ビュータイトルを右クリックして、[**ビューの
設定**]→[**Front**]を選択します。

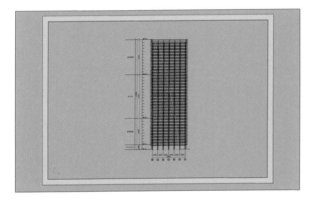

スケールを「**1/800**」に変更します。

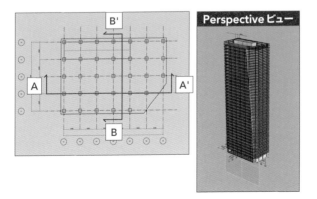

続いて、先程作成した平面図と同様の手順
でクリッピング平面を追加して、断面図を作
成していきます。

まず、左図のキープランを参考にA-A'断面
図を作成します。

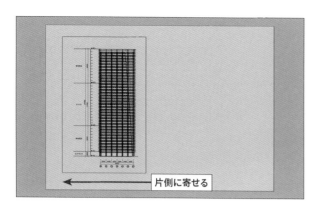

作成したA-A'断面図の枠をクリックして選択します。ガムボールや[Move]コマンドを使用して、レイアウトの片側に寄せておきます。

| 詳細ビューポート (追加(A) 有効化(E) スケール(S) ロック(L) ロック解除(|

次に、B-B'断面図を作成するために、新しく詳細ビューポートを追加していきます。

| 長方形の1つ目のコーナー (中心点(C) アラウンドカーブ(A) 投影(P) もう一方のコーナーまたは長さ |

[Detail]コマンドを実行して、コマンドラインのオプションの追加をクリックします。

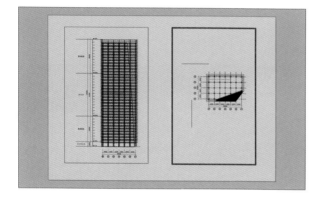

枠となる長方形の1つ目のコーナーを選択します。次に、もう一方のコーナーを選択すると、新しく詳細ビューポートが追加されます。

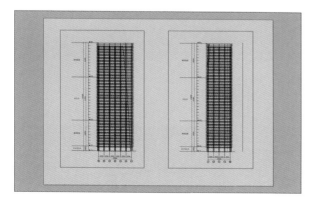

追加した詳細ビューポートのビューを[Right]に変更します。
先程と同様の手順でクリッピング平面を追加して、B-B'断面図を作成していきます。

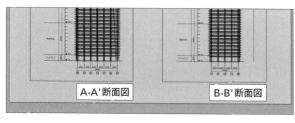

レイアウト上でテキストを追加することも可能です。[Text]コマンドを実行して、図面名を追加します。

CHAPTER 1
CHAPTER 2
CHAPTER 3
CHAPTER 4
CHAPTER 5
CHAPTER 6
CHAPTER 7
CHAPTER 8
CHAPTER 9
CHAPTER 10

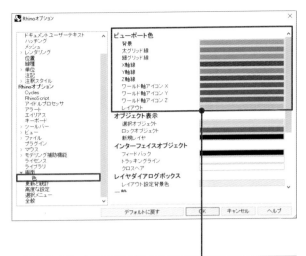

9

最後に、レイアウトの色を変更します。

[Options]コマンドを実行します。

左図のようなウィンドウが表示されます。ウィンドウ左側のリストから[画面]→[色]をクリックします。

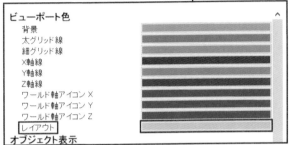

ウィンドウ右側の[ビューポート色]の[レイアウト]の欄の色の帯をクリックします。

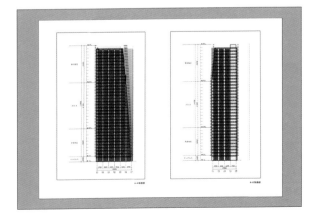

[色の選択]ウィンドウが表示されます。ここでは白色を選択して、[OK]をクリックします。

レイアウトの色が変更されました。

左図では、詳細ビューポートの表示モードを両方とも[レンダリング]に設定しています。

10-06 図面枠を挿入

使用ファイル | 10-6_図面枠を挿入.3dm

コマンド 〉**Insert**

ブロックインスタンスを挿入するコマンド

以下の3種類のいずれかの方法でコマンドを実行します。

コマンド	アイコン	メニュー
Insert		[編集]→[ブロック] →[ブロックインスタンスをインサート]

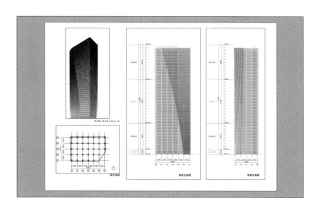

1
サンプルファイルを収めたフォルダ内の「10-6_図面枠を挿入.3dm」を開きます。

まず、本章-04で作成した図面枠をインサートしていきます。

[Insert]コマンドを実行します。

左図のようなウィンドウが表示されるので、名前の右横にあるフォルダのアイコンをクリックします。

さらに左図のようなウィンドウが表示されるので、「**図面枠_サンプルテンプレート**」を選択して、[**開く**]をクリックします。

オプションを選ぶウィンドウが表示されるので、[**OK**]をクリックします。

323

左図のようなウィンドウが再び表示されるので、名前の欄で「**図面枠_サンプルテンプレート**」を選択して、[OK]をクリックします。

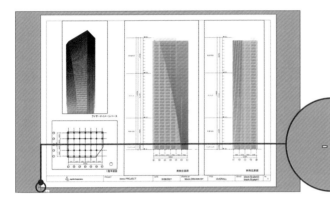

続いて、インサートする位置を決定します。
基点として、ここではレイアウトの左下の端点をクリックします。

左下の端点をクリック

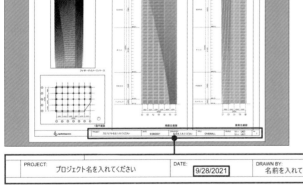

Rhinoがブロックとして用意している図面枠が配置されました。
日付が今日の日付になり、タイトルがレイアウト名に合わせて変更されていることを確認します。

同様の手順で他のレイアウト（ELEVATION、1FPLAN、SECTION）にも図面枠を配置していきます。

| PROJECT: プロジェクト名を入れてください | DATE: 9/28/2021 | DRAWN BY: 名前を入れてください | TITLE: OVERALL | SCALE: 1/oo (A3) 1/oo (A1) | No. 1 |

2
一度「図面枠_サンプルテンプレート」をインサートすると、次に[Insert]コマンドを実行する際に[**図面枠**]も選択することができます。

[**Insert**]コマンドを実行します。[**図面枠**]を選択して、[**OK**]をクリックします。

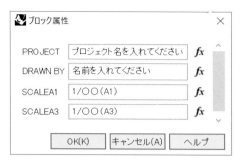

[**図面枠**]を選択すると、先程とは異なり、位置を決定する前にブロック属性を設定するウィンドウが表示されます。

ここで、それぞれの欄を入力して[**OK**]をクリックすると、プロジェクト名、図面作成者名、スケールが既に入力された図面枠を配置できます。

入れ子になっている

3
ブロックの値は、インサートした後でも変更が可能です。変更するには、まずブロックを選択します。

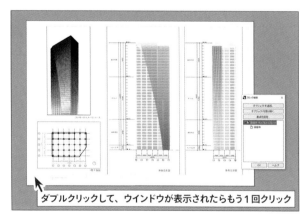

ダブルクリックして、ウインドウが表示されたらもう1回クリック

「**図面枠_サンプルテンプレート**」をインサートした場合は、ダブルクリックしてブロック編集のためのウィンドウが表示された後、もう1回クリックして選択します。
※「**図面枠**」をインサートした場合は、1回クリックするだけで選択できます。

プロパティパネルの属性ユーザーテキストのアイコンをクリックするとリストが表示されます。

値のテキストをダブルクリックすると、編集ができます。

CHAPTER 1
CHAPTER 2
CHAPTER 3
CHAPTER 4
CHAPTER 5
CHAPTER 6
CHAPTER 7
CHAPTER 8
CHAPTER 9
CHAPTER 10

10-07 レイアウトを管理

使用ファイル｜10-7_レイアウトを管理.3dm

コマンド〉 **Layouts**

モデルのレイアウトを管理するレイアウトパネルを開く

以下の3種類のいずれかの方法でコマンドを実行します。

コマンド	アイコン	メニュー
Layouts	📄	［パネル］→［レイアウト］

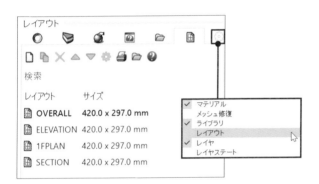

1

サンプルファイルを収めたフォルダ内の「**10-7_レイアウトを管理.3dm**」を開きます。レイアウトの管理方法を確認していきます。

［Layouts］コマンドを実行して、レイアウトパネルを開きます。
歯車のアイコンをクリックして、［**レイアウト**］をクリックすることでもレイアウトパネルを開くことができます。

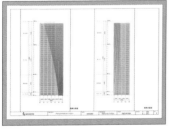

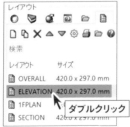

2

レイアウト名をダブルクリックすると、そのレイアウトビューポートに切り替わります。

3

ドラッグ＆ドロップ、またはツールバーの上下の矢印を使って、レイアウトの順番を変更することができます。

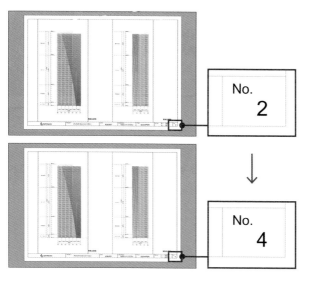

レイアウトの順番を変更すると、自動で図面枠内の図面番号「No.」の部分も変更されます。

4
レイアウト名を右クリックをすると、メニューからレイアウトを複製できます。

5
検索フィールドを利用すると、レイアウト名で絞り込んでくれるため、特定のレイアウトを表示させることができます。

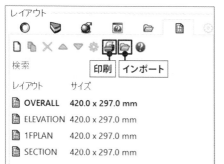

6
また、ツールバーから印刷したり、レイアウトを他のモデルからインポートしたりすることもできます。

CHAPTER 1
CHAPTER 2
CHAPTER 3
CHAPTER 4
CHAPTER 5
CHAPTER 6
CHAPTER 7
CHAPTER 8
CHAPTER 9
CHAPTER 10

CHAPTER 10

資料作成／図面資料をつくる

10-08 図面を印刷

使用ファイル ｜ 10-8_図面を印刷.3dm

コマンド Print

ビューポートのイメージを印刷するコマンド

以下の3種類のいずれかの方法でコマンドを実行します。

コマンド	アイコン	メニュー
Print	🖨	［ファイル］→［印刷］

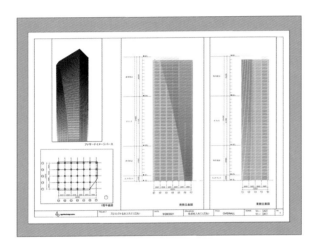

1

サンプルファイルを収めたフォルダ内の「10-8_図面を印刷.3dm」を開きます。

図面を印刷する設定を行っていきます。

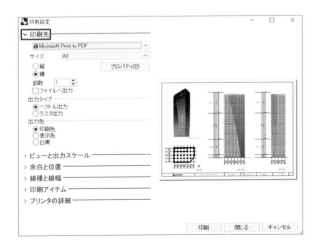

2

［Print］コマンドを実行すると、［印刷設定］ウィンドウが表示されます。

まず、印刷するための設定を行います。［印刷先］の文字をクリックして設定を開きます。

ここでは印刷するプリンター、印刷するサイズ、出力タイプ、出力色などの設定ができます。

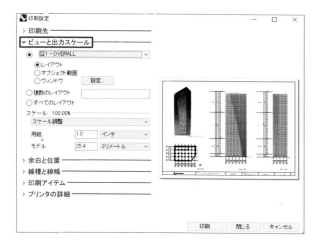

3

次に、[**ビューと出力スケール**]をクリックし
てそれぞれ設定を行います。

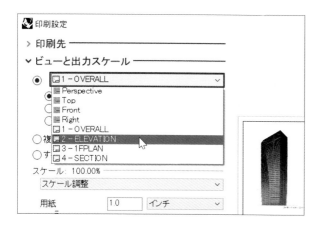

印刷する内容を変更したい場合は、左図の
ようにビューポート名とレイアウト名のリスト
から選択できます。

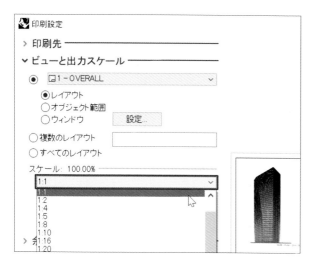

作成したレイアウトの中でスケール調整をし
ているので、今回はスケールを[**1:1**]に設
定します。

CHAPTER 1
CHAPTER 2
CHAPTER 3
CHAPTER 4
CHAPTER 5
CHAPTER 6
CHAPTER 7
CHAPTER 8
CHAPTER 9
CHAPTER 10

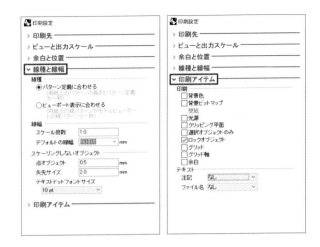

4

今回のようにレイアウトを印刷する場合は、[**余白と位置**]の設定はできません。

[**線種と線幅**]では、線種や線幅、スケーリングしないオブジェクトのサイズなどの設定ができます。

[**印刷アイテム**]では、印刷するアイテムの設定ができます。チェックを入れたものを印刷することができます。

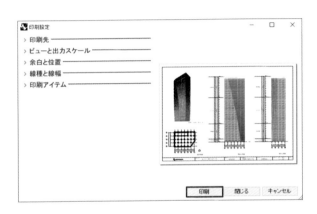

5

設定が完了したら、[**印刷**]ボタンをクリックして印刷します。

用語索引

コマンドエイリアスの設定

コマンドエイリアスとは

コマンドエイリアスとは、コマンドやコマンドマクロを実行するショートカットコマンドのことです。
キーボードから1文字またはそれ以上の文字を割り当てることで、コマンドをすべて入力しなくてもコマンドを実行することができます。

デフォルトのコマンドエイリアス

下記のコマンドエイリアスがデフォルトで登録されています。この他によく使うコマンドなどを設定しておくと作業が速くなります。また、デフォルトのエイリアスも削除や編集をすることができます。

エイリアス	実行内容
[C]	SelCrossing
[COff]	CurvatureGraphOff
[COn]	CurvatureGraph
[M]	Move
[O]	Ortho
[P]	Planar
[POFF]	PointsOff
[POn]	PointsOn
[S]	Snap
[SelPolysurface]	SelPolysrf
[U]	Undo
[W]	SelWindow
[Z]	Zoom
[ZE]	Zoom > 全体表示
[ZEA]	Zoom > すべて > 全体表示（すべてのビューポート）
[ZS]	Zoom > 選択オブジェクト
[ZSA]	Zoom > すべて > 選択オブジェクト（すべてのビューポート）

コマンドエイリアスの実行方法

コマンドエイリアスの実行方法は、通常のコマンドと同様です。
コマンドラインに入力して[Enter]キーまたは右クリックで実行することができます。実際に使用してみましょう。

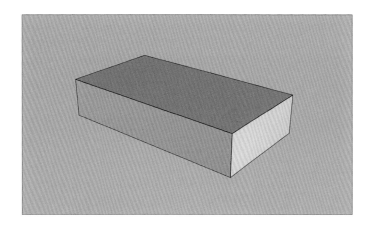

1
新規でRhino画面を開き、適当な
オブジェクトを作成します。

コマンド: M

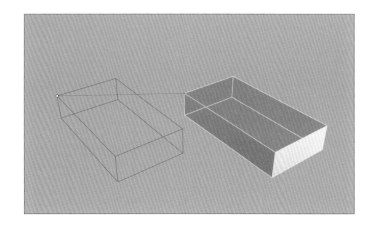

2
[Move]コマンドは、デフォルトで
[M]というエイリアスが設定されて
います。

コマンドラインに「M」または「m」
と入力して[Enter]キーまたは右ク
リックで実行します。

[Move]コマンドが実行されて、
オブジェクトが移動します。

このように、「Move」とコマンドを
全部入力する必要がないので作業
の効率が良くなります。

コマンドエイリアスの作成方法

コマンドエイリアスを新たに作成します。今回は、[Copy]コマンドに[CC]というエイリアスを割り当ててみます。

1

[Options]コマンドを実行して、Rhinoオプションウィンドウを開きます。

[Rhinoオプション]→[エイリアス]と進みます。設定されているエイリアスは、ここで確認することができます。

2

新しく作成する場合は、[**新規作成**]をクリックします。

新規エイリアスを入力する欄ができます。

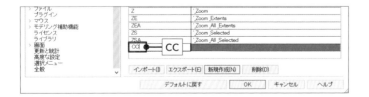

3

エイリアスの枠に、設定したいエイリアスを入力します。

「**CC**」と入力して[**Enter**]キーを押します。

4

次に、コマンドマクロの枠に、実行内容を半角英数で入力します。

入力の際のルールとして、コマンドの前に必ず _（アンダーバー）を付けて、実行したいコマンドを正しく入力します。
ここでは「_Copy」と入力します。

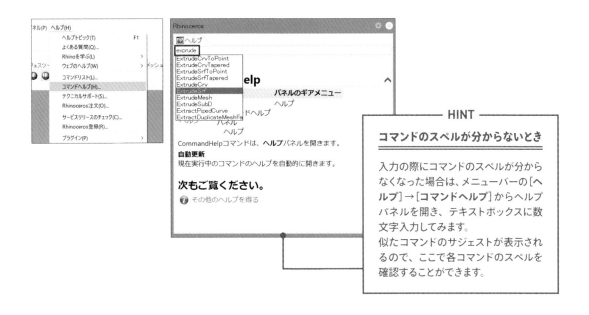

━━ HINT ━━

コマンドのスペルが分からないとき

入力の際にコマンドのスペルが分からなくなった場合は、メニューバーの［ヘルプ］→［コマンドヘルプ］からヘルプパネルを開き、テキストボックスに数文字入力してみます。
似たコマンドのサジェストが表示されるので、ここで各コマンドのスペルを確認することができます。

5

入力が完了したら、［OK］ボタンをクリックすると登録が完了します。

6

登録したエイリアスを試してみます。

コマンドラインに「CC」と入力して、［Enter］キーまたは右クリックで実行します。
［Copy］コマンドが実行されることを確認します。

Rhinocerosで混同しやすい用語

アクティブなレイヤ 現在のレイヤ／作業レイヤ

Rhinoでオブジェクトを作成する際、そのオブジェクトは、「アクティブなレイヤ」に設定されたレイヤに自動的に入力されます。一般的には「アクティブなレイヤ」と呼ばれることが多いのですが、同じ意味で「現在のレイヤ」「作業レイヤ」などと呼ばれることもあります。

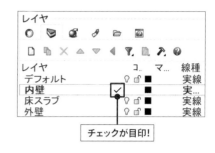

チェックが目印！

ナーブズ（Nurbs） ナーブズ≠メッシュ／ナーブズ≠ベジェ

主にRhinoが得意としているオブジェクトの記述方式です。Rhinoの特徴でもありますが、自由かつ正確なモデリングができることが特徴として挙げられます。また、Rhinoの曲線は「ナーブズ曲線」と呼ばれることがあります。混同されること多いのですが、ナーブズは3点または4点の点の情報のみで定義されるメッシュとは異なります。さらにIllustratorなどで用いられるベジェ曲線とも性質が異なります。

アイソカーブ

アイソカーブはサーフェスがどのようにつくられているかを示す曲線のことで、サーフェスの骨組みのようなものです。オブジェクトを選択した後、プロパティタブで「アイソカーブの密度」を変更したり、非表示にしたりすることができます。アイソカーブの状態はオブジェクト上のパラメーターによって決まります。

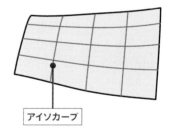

アイソカーブ

制御点

Rhinoにおいてオブジェクトを定義する点のことです。基本的にRhinoのナーブズオブジェクトは曲線であっても面であっても制御点で定義されています。［PointsOn］コマンドまたは［F10］キーで制御点を表示させて、その操作をすることでオブジェクトを変形させることができます。また、［InsertControlPoint］コマンドでオブジェクトの制御点を増やすことができます。

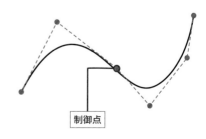

制御点

パラメーター

パラメーターはオブジェクトに割り当てられている
オブジェクト上の座標のことで、XYZ座標とは異な
ります。また長さとも異なります。通常、曲線上の
パラメーターはtで、サーフェス上のパラメーター
はuとvで表されます。特に、[ArraySrf]コマンド
のようなサーフェス上の操作を行う際や、オブジェ
クトをパラメーターとして扱うGrasshopperを使
用する際に重要な概念です。

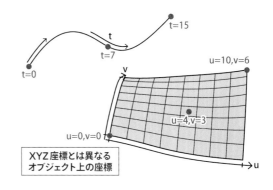

XYZ座標とは異なる
オブジェクト上の座標

ノット

ノットは曲線上の通過点、または
サーフェス上の通過線の構成要素
のことです。制御点とは異なる考
え方です。ノットは[InsertKnot]
コマンドによって増やすことができ
ます。ノットを増やすと同時に自動
的に制御点も増えます。

● ノット 　○ 制御点

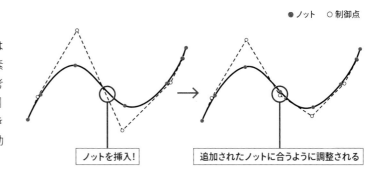

ノットを挿入！

追加されたノットに合うように調整される

シーム点

シーム点はつなぎ合わせる位置という意味で使われます。
[Loft]コマンドや[Sweep1]コマンド、[Sweep2]コ
マンドなどを実行すると、複数の曲線上に対応させてつ
なげる位置の指定が求められます。シーム点の位置を
適切に指定することによって、コマンドの使用の幅が広
がります。

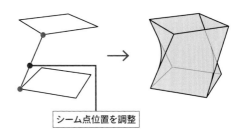

シーム点位置を調整

ソリッド

ソリッドとは主に「閉じたポリサーフェス」のことを指します。例えるなら、中に水を入れたとしても漏れないよう
な状態のオブジェクトのことを言います。サーフェスをソリッドにするためには[Join]コマンドなどで、サーフェ
ス同士が結合された状態にしなくてはいけません。ソリッドとしての閉じたポリサーフェスを[Explode]コマンド
でばらばらにすると、複数のサーフェスの集合になります。

おわりに

2005年にMITに留学したとき、既に米国ではコンピューテーショナルデザインが専門分野としてありました。私が渡米したのは、コンピューテーション技術を利用し、敷地の環境情報を読み取ることで環境に配慮したより良い建築をつくることができるはずだと考えたからでした。

米国の学生たちは、模型制作と同じような感覚で3次元CADやBIM、Visual Programing Languageを習得し、卒業していました。また、建築学科には、WoodshopやFabLabといったデジタルファブリケーションの施設があり、授業にも組み込まれていました。

一方、建築設計のプロフェッショナルの現場では、デジタルか否かにこだわらない柔軟な作業環境が構築されています。3Dツールは使いこなせるが、「今回のプロジェクトでは使わずに進めよう」あるいは「今回は3Dでしっかり検討していこう」というように自由に選択できる環境です。目的はより良い建築をつくることであり、その手段の1つとしてコンピューテーション技術があればいいのです。

2012年に会社を設立したころ、Rhinoの基本操作を徹底的に学べる建築設計者向けの日本語の教材は多くはありませんでした。そこでRhinoをはじめとする3Dツールを使いこなすためのテキストを1人でつくり始めました。少しずつ内容を更新しながらつくり続け、自前で製本し、講習用の教材として使ってきたうちの1つを書籍化したものが本書です。

早稲田大学の学生をはじめ、手伝ってくれる方々が次第に増えていき、設計の現場の方々に教える過程でも多くのフィードバックをいただきました。本書の出版にあたり、私の講義がなくても学習していただけるよう、スタッフやインターンと共に時間の許す限りの修正と改善を重ねました。

本書を手に取ることで、少しでも多くの日本の建築設計者とその志望者である学生たちが、3次元による設計検討の入り口となる建築モデリングの基本操作を習得してくれること、そして本書をより良い建築づくりに役立ててくれることを夢見ています。

また、個人的には環境設計に思い入れがあり、設計者の方々には、3次元モデルを使ってデザインを検討しながら、環境に配慮した建築をつくるスキルを身につけてほしいと願っています。

重村珠穂

謝辞

　本書に至るまでにテキスト作成に携わってくださった方々の名前を以下に御礼と共に記させてください。特に作成を始めたときのメンバーである秋元瑞穂・伊藤滉彩・小林南帆香・坂井高久の4人がいなければ、本書は出版できなかったと思います。本当にありがとうございます。

　いままで教える環境を提供してくださった多くの会社・個人の方々にも御礼を申し上げます。ここで全員のお名前を挙げることができず心苦しいのですが、本当にありがとうございます。

　教科書としては至らない点も多く、まだまだ更新を続けていかなければならないと考えています。ひとまず10年目に出版する機会をいただけたのは、これまで手伝ってくださった皆さんのおかげです。今後も、より良い建築づくりと建築設計者のお役に立てるよう、コンピュテーション技術の教育やサポートを真摯に頑張っていきたいと思います。

●**本書出版時に携わってくれた方々**（2021年現在）
鳥羽春江（ADL）／梅津綾（東京工業大学大学院博士課程、ADL）
鉄昌樹（鹿児島大学大学院 横須賀研究室大学院1年生）
小澤龍太・津久井恵伍・土谷尚之・目黒斐斗（工学院大学建築学部3年生）
鈴木友仁（日本大学生産工学研究科博士課程）

早稲田大学創造理工学部建築学科
［田辺研究室］新藤幹（博士課程）・秋元瑞穂（大学院2年生）・小川裕太郎（大学院1年生）
［学部4年生］野村涼ロバート・古田祥一朗・堀崎航
［学部3年生］江見侑一郎・呉雄仁・杉山太一・的場未来・横山魁度
［学部2年生］金田有人・權才鉉・中西康蔵・宮瀬駿
［学部1年生］石山結貴・田島和・中山温己・松本維心

●**以前にテキストの作成に携わってくれた方々**
大平恭史／小原昌史（法政大学社会学部メディア社会学科卒業生）
梯朔太郎（横浜国立大学都市イノベーション学府卒業生）

早稲田大学創造理工学部建築学科 卒業生
［小岩研究室］喜久里尚人（元ADL）
［小林研究室］石田有里・篠原岳
［高口研究室］清水卓哉・寺内浩太
［田辺研究室］石渡高裕・伊藤滉彩・竹内駿一・千本雄登・永島啓陽
［早部研究室］坂井高久・森唯人
［古谷研究室］伊藤弥季南（南カルフォルニア大学建築学部在籍）・高橋まり・山本悠太（山村健研究室卒業）
［矢口研究室］稲毛洋也（元ADL）、世界の金子、砂川良太（東京大学大学院卒業）
［山田研究室］小林南帆香

早稲田大学創造理工学部建築学科 在学生
［小林研究室］米山魁（大学院1年生）
［田辺研究室］池内宏維（大学院1年生）
［学部4年生］日向野由香・藤澤拓弥・山下桃奈

重村珠穂｜Tamaho Shigemura
「泥臭いコンピュテーション」をキーワードに、実務とアカデミックの両方を行き来し、コンピューター技術を利用した、より良い建築・建築環境を構築するための建築設計支援を行っています。人知れずほそほそとより良い建物づくりに貢献したいと考えています。「啓蒙」「教育」「プロジェクト支援」の3つの面から、環境シミュレーション・BIM・3次元CAD技術に関する支援をしています。最近では「教育」と「プロジェクト支援」を推進するための「ツール開発」も行っています。
2000年、慶應義塾大学大学院修了後、大林組勤務（現場監督）。2005年、MITに留学。2007年、槇総合計画事務所の「NY WTC Tower4プロジェクト」に参加。2008年、GSDに留学。2010年、ハーバード大学大学院建築学科修士課程修了。2012年、アルゴリズムデザインラボを設立。2013年、大成建設でBIM支援業務に従事。2014年より早稲田大学非常勤講師として学部と大学院で教える。専門は、デジタル環境デザイン。一貫してBIMや環境シミュレーションなどの研究に従事している。大学院の授業では、環境シミュレーションを用いた設計手法の授業を担当。（会社紹介は2ページ参照）

本間菫子｜Sumireko Homma
早稲田大学理工学術院建築学専攻修了。画家・詩人・イラストレーター。歌、朗読、演技の活動の他、モデルになることもある。「お店はじめるお店『アラマホシ商店』」、建築活動集団「アキチテクチャ」のメンバー。2021年、アルゴリズムデザインラボに参加。本書ではカバーイラストも担当。

豊住亮太｜Ryota Toyozumi
早稲田大学創造理工学部建築学科卒業。同大学大学院理工学研究科建築学専攻修士課程在学中。大学入学当初よりアルゴリズムデザインラボにインターンとして参加。会社の研修として米国ニューヨークに赴いて同地の設計事務所を訪問するなど、最先端の設計現場に触れる経験を重ねている。

本書で学習するためのサンプルファイルは、日経BP、およびアルゴリズムデザインラボのHP（下記URL）よりダウンロードできます。

日経BP　https://info.nikkeibp.co.jp/na/campaign/rhinoalgo/
アルゴリズムデザインラボ　https://algo.co.jp/books/rhinoalgo/

建築設計者のためのRhinoceros
必修3Dツールを基本から学ぶ

2021年11月22日　初版第1刷発行
2024年 4月 3日　初版第2刷発行

著者	アルゴリズムデザインラボ／重村珠穂＋本間菫子＋豊住亮太
編者	日経アーキテクチュア
編集スタッフ	山本恵久
発行者	浅野祐一
発行	日経BP
発売	日経BPマーケティング
	〒105-8308 東京都港区虎ノ門4-3-12
デザイン	原理子（Rico Graphic）
印刷・製本	図書印刷株式会社

ISBN978-4-296-11084-1
ⓒAlgorithm Design Lab. 2021　Printed in Japan

本書籍に関するお問い合わせ、ご連絡は下記にて承ります。
https://nkbp.jp/booksQA